奇怪物理

皮卡丘發的是直流電還是交流電？

2

中國科學院物理研究所 著

— Part1 —

力學篇

01 抽水機是怎麼把水抽上來的？

抽水機這個東西，種類較多，所用的原理也不盡相同。不過市面上較流行的兩類抽水機，活塞式抽水機和離心泵，均是利用大氣壓力抽水的。

利用大氣壓力抽水在日常生活中很常見。我們用吸管吸食飲料時，就是將吸管中的大部分空氣吸走，使吸管內壓力降低，飲料在外面壓力的作用下順著吸管流到我們嘴裡。

雖然活塞式抽水機和離心泵在技術細節方面大相逕庭，但其抽水的物理原理都是利用了大氣壓力。活塞式抽水機結構簡單，其吸水管道中有一個活塞，活塞與管道中均有閥門（如右圖）。活塞向下運動時，活塞上閥門打開，管道中閥門關閉，水流到活塞之上；活塞向上運動時，活塞上閥門關閉，活塞向上運動將水提起，同時管道內壓力降低，水池中的水（或地下水）在大氣壓力的作用下頂開管道中的活塞，進入管道。早期的抽水機大多為活塞式。

離心泵是用螺旋扇葉代替活塞，依靠扇葉將水「甩出」，造成管道內壓力降低，使水沿管道運動的。現在市面上見到的大多是這種離心泵。

這兩種抽水機在工作前都需將抽水管道中灌滿水，以便形成更優良的密封環境。

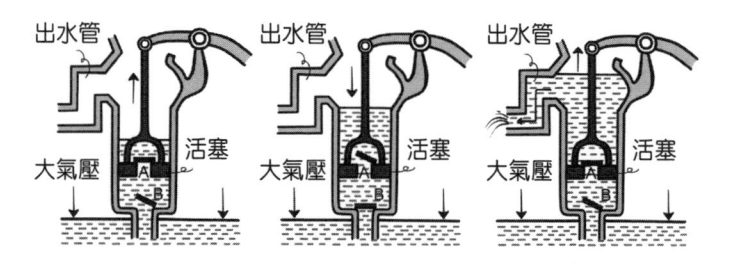

02　千斤頂是什麼原理,為什麼只需輕輕用力就可以頂起很重的物體?

　　千斤頂分為機械千斤頂和液壓千斤頂等,它們的原理有所不同。從原理上來說,液壓傳動的最基本原理就是帕斯卡定律(Pascal's principle),也就是說,液體各處的壓力增量是一致的。液壓千斤頂可以看作一個連通器,兩邊各有一個大小不同的活塞。在平衡的系統中,比較小的活塞上面液體施加的壓力比較小,而大的活塞上面液體施加的壓力比較大,這樣能夠保持液體的靜止。所以透過液體的傳遞,加在大小活塞上的壓力大小不同,從而達到壓力變換的目的。人們常見到的液壓千斤頂就是利用了這個原理來達到力的傳遞的。

　　螺旋千斤頂又稱機械千斤頂,使用時由人力往復扳動手柄,棘爪即推動棘輪間隙回轉,小傘齒輪帶動大傘齒輪,使

舉重螺桿旋轉,從而使升降套筒升起或下降,最終實現起重的功能,但不如液壓千斤頂簡易。

03 為什麼高速轉動的機械經常會產生振動?

我們拿最簡單的車輪來舉例說明。在車輪高速轉動的過程中,車輪上的各個質點都在運動,輪子的質心是受這些質點的運動影響的,如果可以透過精準的製造工藝確保車輪的質心剛好落在轉軸上,那麼,不論車輪轉動多快,它的質心始終是不動的(畢竟轉軸不動嘛)。這樣就能保證車輪穩定地轉動。

但是如果質心沒有剛好落在轉軸上,質心就會繞著轉軸高速運動,質心的這種圓周運動就是振動的來源。高速轉動的機械由於製造工藝不精、零件鬆動、高速轉動中形變等原因,往往不能使轉動部分的質心始終處於轉軸上,這樣就會產生振動。在實際操作中,我們總是想盡辦法消除這種振動,然而,有時候我們也會利用這種振動:手機振動就是這樣一個例子,它就是使用偏心輪(質心不在轉軸上的輪)來實現「嗡嗡」振動的。

04 飲料瓶擰上瓶蓋後是如何防止漏水的，只是單純地緊密貼合嗎？相比之下帶膠圈的水杯呢？瓶蓋處的受力如何分析？

　　瓶蓋的結構主要由螺紋、密封圈、側封環組成（有些瓶蓋在密封圈和側封環之間還會加一個頂封環）。在瓶蓋擰緊後，瓶口會牢牢頂住瓶蓋，並卡在密封圈與側封環之間，密封圈伸進了瓶口，增加了密封面積。如果我們縱向剖開一個瓶蓋就可以看到，密封圈延伸出去部分的半徑要大於底部半徑，並且末端還帶有一定弧度，這使得密封圈更好地與瓶口內沿接觸，達到密封的效果。側封環與瓶口外沿緊密接觸，阻擋了瓶外物質向瓶內的滲入。橡膠圈具有一定的彈性，在和瓶口接觸後可以達到軟密封，因此一般帶有橡膠圈的容器密封效果會更好。瓶蓋的內螺紋和瓶口的外螺紋接觸擠壓，其主要作用在於產生摩擦力矩，使瓶口牢牢頂住瓶蓋而不會輕易鬆動。

05 吸管可以穿透馬鈴薯嗎？

　　在生活中你一定遇到過因為吸管被扎彎而喝不到飲料的狀況。有人還因此提出了使用吸管的訣竅：一定要趁著飲料

不注意突然扎下去，這樣才能讓包裝紙來不及反應。這種方法顯然有很多玩笑的成分在裡面。歸根到底，吸管容易彎折是因其薄弱的管壁和中空的結構造成的。如果我告訴你我可以用一根普通的吸管穿透一個生馬鈴薯，你會不會覺得不可思議？當然這個操作是有訣竅的，我需要用我的拇指堵住吸管的一端，然後將另一端用力地扎向馬鈴薯。這時吸管好像突然變得結實了很多，馬鈴薯被吸管直接穿透。吸管變得結實的原因是，當吸管插入馬鈴薯一部分之後，手指和進入吸管內部的馬鈴薯將吸管的兩頭封堵，吸管內部的空氣被限制在內部不能排出，隨著進入吸管的馬鈴薯越來越多，空氣逐漸被壓縮。壓縮空氣相比外部的空氣具有更大的壓力，它還可以對吸管壁起支撐作用，所以吸管就變得不易彎折，穿透馬鈴薯也就變成順理成章的事了。

　　你可能會問，為什麼壓縮空氣的壓力更大呢？我們可以做一個小實驗來感受一下：你只需要一個小小的針筒就可以完成這個實驗（一定要把針頭去掉）。用你的手指堵住針筒的一端，然後去按壓針筒的芯桿，是不是感覺有東西在抵抗你往下按，而且越往下按越費力？這就是針筒中的壓縮空氣在起作用。在這個小實驗中，我們還可以知道空氣被壓縮得越厲害，它的壓力就越大。

06　迴旋鏢是如何飛行和折回的？

　　說起迴旋鏢，從形狀上來說，有沒有覺得它和飛機的機翼有異曲同工之處，假如把飛機的機身去掉，只留下兩個機翼，拼起來是不是就像一個迴旋鏢？

　　假如把迴旋鏢看作一個簡單的傾斜面，那麼根據牛頓第三定律，當你把它甩出去時，它會使空氣向下偏轉，從而使飛鏢向上偏轉。而飛機與迴旋鏢類似，只是其推力來自引擎。

　　我們知道空氣速度的增加會導致靜態壓力的減小（流體力學系統中的伯努利原理〔Bernoulli's principle〕），如下頁圖所示，迴旋鏢受力向圖的左側飛行，此時它的轉動方向為逆時針，當空氣穿過迴旋鏢時，空氣會在另一側相遇，所以

它的速度會加快。由於頂部（A）相對空氣的移動速度比底部（B）的空氣移動速度快，從而產生了一個力矩，這個力矩會改變迴旋鏢旋轉的角動量的方向（也就是迴旋方向的軸向），這一機制稱為陀螺式的進動過程，直接造成飛鏢折回的現象。

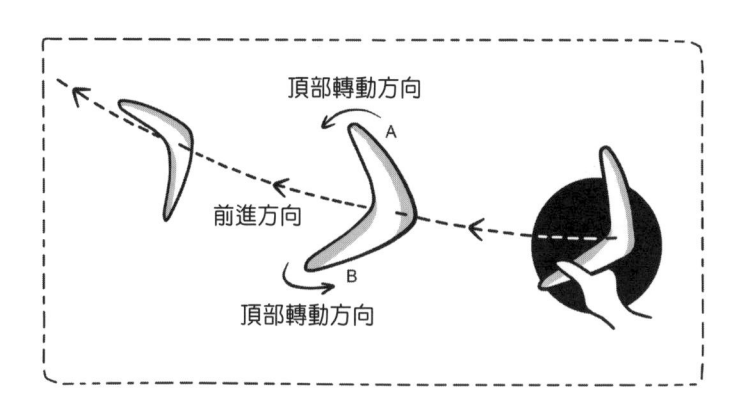

07 汽車引擎的工作原理是什麼？

汽車引擎是一種能量轉換設備，它將燃料燃燒產生的熱能轉變成機械能。要完成這個能量轉換必須經過進氣：首先把可燃混合氣（或新鮮空氣）引入汽缸；其次將進入汽缸的可燃混合氣（或新鮮空氣）壓縮，壓縮接近終點時點燃可燃

混合氣（或將燃油高壓噴入汽缸內形成可燃混合氣並引
燃）；可燃混合氣著火燃燒，膨脹推動活塞下行達到對外做
功；最後排出燃燒後的廢氣。簡單來說，就是進氣、壓縮、
做功、排氣四個過程。我們把這四個過程叫作引擎的一個工
作迴圈，工作迴圈不斷地重複，就達到了能量轉換，使引擎
能夠連續運轉。

08 為什麼跑步的時候要擺動手臂？

　　先說答案：主要是為了平衡。這個問題實際上科學家還
沒有完全搞清楚，雖有論文發表但是沒有定論。比較公認的
說法是為了平衡腿在前進過程中產生的角動量。什麼是角動
量呢？你可以理解為一個讓描述物體保持旋轉的慣性的量
（就像動量是描述讓物體保持運動的一個量），如陀螺在旋
轉的時候如果沒有外力矩的作用，角動量是不變的。跑步擺
臂與走路擺臂的原理類似，這裡以走路為例。

　　人體在前進的時候，地面對人的摩擦力給人體一個力
矩，產生一個角動量。與陀螺類似，如果沒有外力矩的作
用，人體就會以這個方式旋轉下去，這會使人摔倒。為了不
摔倒，人體的上肢會做一個相反的運動來產生相反的角動量
以抵消腿部產生的角動量。

　　另一個對這個問題的解釋是從能量的角度出發。密西根大學的科學家發表了一篇文章，比較了四種走路方式人體所消耗的能量：正常走路、把雙臂綁起來走路、保持雙臂背後走路和同手同腳走路。他們發現正常走路消耗的能量最低，比雙臂綁起來走路和保持雙臂背後走路少 12%，比同手同腳走路少 26%！雖然把雙臂綁起來走路減少了擺臂所需要的能量，但比正常走路要多消耗能量。這是因為擺臂減少了腿部推動身體前進所要消耗的能量，當你移動腿的時候，身體也會跟著移動，但是上肢的移動減少了身體移動所需要花費的能量，所以要比完全不擺臂消耗更少的能量。但是這並不代表你可以透過同手同腳走路減肥，科學家發現不按照正常模式走路可能會傷害脊椎，所以還是乖乖運動吧。

09 為什麼人手拿著重物不動也會消耗能量，這並沒有做功啊？

　　雖然物體沒有運動，但人並不是沒有產生能量消耗，只是人沒有對物體做功而已。

　　人為了維持拿著重物這一狀態，需要肌肉保持一定的收縮、張弛，雖然肉眼不能直接看到肢體的彎曲，但其實肌肉還是有變化的。而這就需要消耗能量。

10 走路時摩擦力是如何做功的？

　　摩擦力分為兩種，一種是動摩擦力；另一種是靜摩擦力。如果在接觸面上沒有產生相對滑動，那麼便沒有動摩擦力的產生，而只有靜摩擦力。力在力的方向上產生了位移便會做功，即：功＝力×位移，如果沒有發生位移，那麼這個力便沒有做功。人在走路的時候，腳並沒有和地面之間發生相對滑動，因此沒有產生動摩擦力，只有靜摩擦力，但靜摩擦力並不做功。

　　那麼人前進的時候是什麼力在做功呢？答案是你的肌肉。人在前進時，後腳是斜向後蹬的，由於腳受到摩擦力與地面的支持力，所以會產生反作用力傳遞到軀體，這個斜向前的力做正功才使得軀體向前運動。靜摩擦力雖然不做功，但是它為肌肉做功提供了條件，即它是機械能傳遞的媒介。肌肉收縮帶動肢體運動的能量來源於體內 ATP（三磷酸腺苷）釋放產生的化學能。

11 摩擦力與接觸面積無關，但為什麼踮起腳尖身體旋轉起來更輕鬆？

　　我們一般是這樣旋轉的：扭動身體，準備發力，在發力

的一瞬間抬起一隻腳,身體便轉動了起來。因此,當我們一隻腳離地開始轉動的時候,實際上肢體便不會再做功了。這便是設定了初動能,在摩擦力做負功的情況下的轉動問題。理想的情況是我們的動能全部轉化為摩擦力的熱能,停止轉動。雖然動摩擦力的大小與接觸面積無關,即:

$$f = umg$$

但我們腳與地面的接觸面積變化會影響摩擦力的做功。腳在地面上摩擦轉動,越靠近轉動中心,圓周運動的半徑越小,此時摩擦力做功的路徑便越短。為了簡單地說明問題,我們用一個簡化的模型,假設腳與地面的接觸面是一個半徑為 R 的圓,則單位面積的摩擦力為:

$$f / \pi R^2$$

那麼當轉動的角度為 θ 時,摩擦力做的功為:

$$w = \iint_s \frac{f}{\pi R^2} \gamma \theta dS = \frac{2fR\theta}{3}$$

因此,接觸面積越小,轉動的時候摩擦力做功的速率就越慢,也就是說我們的動能被摩擦力消耗的速率越慢,故而速率減緩的速度變慢,也就會感覺轉動更加輕鬆了。

12 洗衣機的工作原理是什麼呢？

常見的洗衣機有兩種：直立式洗衣機和滾筒式洗衣機。

直立式洗衣機：在洗衣桶的底部中心處裝有一個帶凸筋的波輪，波輪旋轉時，洗滌劑在桶內形成螺旋狀水流，從而帶動衣物旋轉翻動而達到洗滌的目的。

滾筒式洗衣機：滾筒式洗衣機為套桶裝置，內桶為圓柱形臥置的滾筒，筒內有 3～4 條凸棱，當滾筒繞軸心旋轉時，衣物就會被帶動翻滾，並迴圈反復地摔落在洗滌劑中，從而達到洗滌的目的。

兩者的共同點都是利用機械設計讓衣物和水產生振動，利用振動將衣物上的污漬更多更快地擴散到水中，水會將污漬帶走，達到清潔衣物的作用。洗滌劑的作用則是和污漬發生反應，讓污漬可以更容易被水帶走。

13 氣球為什麼飛不到外太空？

氣球裡邊的氣體不僅要抵抗大氣壓，還要抵抗氣球的彈力，隨著高度的上升，大氣中的氣體逐漸變得稀薄，氣壓會降低，那麼氣球內外在地面上達到的壓力平衡在高空中就平

衡不了了，為了平衡，氣球就必須膨脹以降低內部的氣壓，
而膨脹到一定程度就爆炸了。

如果氣球的材質能逆天呢？

這個氣球一路披荊斬棘，穿過了對流層、平流層、中間
層，不懼電離層的各種摧殘，對越發變強的紫外線視若等
閒，對散逸層千度的高溫一笑而過⋯⋯

在考慮這些之前，讓我們思考一個問題——氣球為什麼
能飛起來？

氣球能夠飛起來是因為氣球裡面氣體的密度比外部的密
度要小，因此受到了大氣的浮力。隨著高度的增加，大氣的
密度也會降低，但由於氣球在膨脹，所以氣球內部氣體的密
度也在減小，因此還是能受到浮力的。但散逸層的大氣密度
只有海平面處的一億億分之一，氣球怕是膨脹不了一億億倍
吧⋯⋯

結果就是浮力會與重力平衡，氣球懸浮在空中。

14 水的凹液面是怎麼形成的？

液體表面有張力，會使得液體趨於收縮。當將液體放於
容器中時，容器的器壁與液體表面所形成的介面也會產生張
力。可以理解為容器的器壁與液體內部都會給液體表面施

力，就看這兩者的力誰大誰小了。如果容器壁表面張力更強一點，那麼液體就會攀附上它的表面，這就是凹液面；如果容器壁表面張力比較弱一點，那麼液面就被液體拉走，形成凸液面。

具體形成什麼液面不僅與液體有關，還與接觸的容器有關。比如將水滴在桌子上，水滴會攤開；但如果滴在荷葉上，則水滴會形成小水球。

15 泡泡是如何形成的，又是怎麼破碎的？

泡泡有很多種，我們以最常見的肥皂泡為例來說明這個問題。

形成泡泡的原理比較簡單。液體內部分子之間存在著力，而在氣液介面，這種力表現為引力，即「表面張力」。表面張力與分界線長度成正比，因此表面能（surface energy）就與面積成正比。我們知道系統的能量總是趨於最小值，所以失重條件下的水珠總是成球形（一定體積下球形表面積最小）。氣泡的形狀也是如此形成的。

下面看一下氣泡形成的過程。我們以吹泡泡為例。當我們把空氣吹進水膜中時，水膜鼓起，到一定體積（通常超過半球）時，開口會在表面張力作用下合攏，形成氣泡。

那氣泡又是怎麼破裂的呢？如果單純靠表面張力就能維持氣泡的話，純水也就能形成穩定存在的氣泡了。但實際上純水氣泡很難維持，原因是氣泡是否破裂是張力與水膜厚度漲落的博弈。張力太大，出現輕微的厚度漲落，受力會不均衡，水膜就會破掉。純水很難形成穩定氣泡就是這個原因。肥皂水中的肥皂就起到了減小表面張力的作用，這時水膜即使存在輕微厚度漲落，也不會使水泡破裂。當然存在了一定時間的肥皂泡，由於揮發，也會出現較大厚度漲落，泡泡就會破掉。

泡泡的問題看似很小，其實裡面的學問很大。在工程技術方面，人們經常遇到起泡不利或者起泡有利的問題，這都需要使用添加劑來改變液體表面張力，以達到想要的目的。

16 為什麼水龍頭流下來的水，水柱會越來越細？

水柱下端的水是先離開水龍頭的，而上端的水離開的時間較晚。在重力作用下，水加速下落。這樣，先離開水龍頭的水會比後離開水龍頭的水速度要快，但速度差保持不變。當然，水的表面張力會減慢這個趨勢，不過水柱上端與下端之間的距離還是會被拉大。水柱體積變大，使得水柱內部壓力變小，在外界大氣壓力的作用下，水柱變細。

17 水滴在荷葉上為什麼會滾來滾去？

這是由於荷葉表面的強疏水性。荷葉表面有一層茸毛和一些微小的蠟質顆粒，它們的尺度均是微米甚至奈米級別的。

水在這些細小的茸毛和顆粒上不漫延、不浸潤，會使荷葉表面的水在其自身表面張力的作用下形成水珠。由於荷葉表面的這種強疏水性，自水珠與荷葉接觸的交界面經過水珠內部到水珠與空氣的交界面之間的夾角（也稱為浸潤角）會大於 150°，稍有擾動，水珠很容易滾動。

由於荷葉上的水珠很容易滾動，會產生一種「荷葉效

應」。這是一種自清潔效應，滾動的水珠很容易帶走荷葉表面的灰塵，使荷葉處於「出淤泥而不染」的潔淨狀態。

18 影視作品中經常會看到人從高處跳落到地面後有一個翻滾動作，這個動作是怎麼卸去或減小衝擊力的？

人在從高處落下時會不斷加速，動量不斷增大，而人平穩地站在地上時動量為 0，因此需要透過各種途徑來將動量消耗掉。

如果從不太高的地方跳到地面，人可以透過屈腿來進行緩衝，透過肌肉做功來降低動量；而當動量很大時，屈腿的緩衝有限，動量就會對人體造成傷害。人在落地後翻滾這一過程中，首先是人在垂直方向獲得減速的時間長了，如果從高處跳下來，落地後順勢蹲下就覺得衝擊力變弱了；其次是透過姿勢的調整而將動量轉換為角動量，即原本是直直地落在地上的，這些垂直的動量都要被緩衝掉，現在一部分變成了橫向的滾動，因此垂直方向上對地面的衝擊力變小，地面給人體的反作用力變小，人體承受的負擔就會減輕許多。不過這一技巧需要專門的練習，並且緩衝也是有限度的，請勿隨意模仿！

19 為什麼在倒果汁、牛奶時，液體總是不能連貫地流出，而是一股一股的呢？

提問者說的這種情況發生於倒盒裝或者瓶裝（總之是硬包裝）飲料的時候。因為盒內液體流出，盒內空間變大，原有氣體提供的氣壓變小，而包裝很硬，無法像袋裝飲料一樣變癟，大氣壓與盒內壓力的差作用在狹小的開口處，導致液體不能通暢流出，並且會有外面的空氣不斷擠入，導致液體流出不連貫。

解決辦法是——倒慢點。不要讓液體全部堵住開口，而要留一點縫隙讓空氣進入。

20 為何沒有意識的人，抱起來比有意識的更重？我覺得是重心引起的力矩變化造成的，能提供詳細解釋嗎？

確實是「抱起來」更重，也就是人還是那麼重，但是抱起來要費的力氣更大一些。

抱有意識的人，他也會主動抱著你，這時他緊密貼在你的身上，同時你的肩膀等部位也會替手臂分擔一部分重量。而無意識的人身體鬆散，抱起來不但全部重量都要靠手臂支撐，還要花額外的力氣保證穩定。比如在健身房重訓的時

候,同樣重量的槓鈴和啞鈴,槓鈴舉起來會更輕鬆一些。提問者說的重心引起力矩變化也有道理,類似的體驗包括,同樣重的箱子,體積比較小的更好搬。

另外,還有一個因素可能是提問者做實驗的時候沒有考慮控制變數,抱有意識的人的時候抱的是 80 斤(40 公斤)的女朋友,抱無意識的人的時候抱的是 80 公斤的室友。下次遇到室友喝醉這種情況有兩種解決方案,一種是扔下不管;另一種是像扛麻袋一樣扛在肩上,應該能節省一些體力,至於這種姿勢他是否舒服不重要,反正他已經無意識了。

21 請問每次大型貨車、客車剎停後總能聽到放氣的聲音,這是什麼聲音?

大型客車、貨車在行駛過程中具有非常大的動能,想要在短時間內讓它停下來需要很大的力,剎車踏板踩起來也非常硬,一般需要使用壓縮空氣作為輔助來幫助我們剎車。

踩剎車時,壓縮空氣進入制動氣室推動剎車片,鬆剎車時,為了鬆開剎車片,需要將氣室中的壓縮空氣排出,此時就能聽到放氣聲了,剎車踩得越狠,鬆剎車後聽到的放氣聲越大。

22 水銀體溫計前端的縮口到底是什麼原理？

　　我們都知道在使用水銀體溫計（簡稱體溫計）之前要拿著它的尾部使勁地甩，目的是將尾部的水銀全部甩進溫度計頭部的水銀泡中。使用時，水銀泡受熱，水銀膨脹，水銀開始上升，直到達到熱平衡，水銀的最高點指示的數值就是體溫，接下來讀數就可以了。但是，一般溫度計都是放在腋下等隱秘部位，要拿出來才能讀數，但在這個過程中水銀泡會受到環境的影響而改變溫度（一般都是變冷），如果不採取措施，水銀柱高度會迅速降低，導致我們無法獲取準確的體溫值。縮口的出現就是為了解決這個問題，它會阻止縮口之上的水銀回流到水銀泡中。這樣即使溫度計受到環境的影響，我們也有足夠的時間來讀取準確的體溫值。這也是我們使用體溫計之前要用力甩的原因。

　　縮口阻止水銀回流是利用水銀液面的表面張力將水銀拉住來實現的。由於表面張力大小和管的半徑成正比，而水銀柱的重力正比於半徑的平方，所以縮口只有足夠細的時候才能阻止水銀。

　　我們生活中也經常遇到這種情況：用很細的吸管喝飲料經常會在吸管內殘留一小段液體，但是用奶茶吸管就不會出現這種情況，其中的道理和縮口阻止水銀是一樣的。

23 踢足球時如何做到用腳背將球穩穩停住而球不彈出去？

足球落在地上會彈起是因為足球形變將動能變成彈性位能儲存起來然後又釋放了出去。但是如果讓足球落在柔軟的沙地上或者草地上，它彈起的高度就會低很多，甚至彈不起來。原因在於柔軟的地面起到了很好的緩衝作用，因此足球形變不大，儲存的位能也不多，所以最終彈起的高度會低很多。

用腳背停球也是利用了腳背對足球的緩衝：雖然腳背並不算柔軟，但是運動員透過調整腳部動作讓腳背順勢隨球移動並一起減速至停下，這樣也可以起到很好的緩衝作用。要想將高速運動的足球停到想要的位置，需要運動員具有高超的技巧。

24 慣性不是力，為什麼常有人說慣性力？

慣性確實不是力，慣性是物體保持自身運動狀態不改變的能力，只和物體的質量有關。慣性力是在研究非慣性系統中物體的運動狀態引入的假想力。比如，在公車上，如果公車向前加速，即使你沒有受到其他力的作用，你也會感覺有

一個力在向後推自己，所以我們引入了慣性力來研究這種情況下你的運動狀態。在應用中（勻加速運動的系統），慣性力大小等於質量和系統加速度大小的乘積，方向和加速度方向相反。引入慣性力後，物體所遵循的運動方程和牛頓第二定律有相同的形式，用起來非常方便。

25 為什麼指甲或者鐵絲在被剪斷之後會彈出很遠，而不是原地掉下來？

一般來說，剪指甲並不是一個絲滑順暢的過程，仔細觀察可以發現，剪指甲的過程中，指甲先被指甲鉗壓變形，然後突然被指甲鉗剪斷。由於指甲在形變過程中儲存了彈性位能，所以彈性位能的釋放會讓指甲飛出去。

26 為什麼用一根手指可以讓坐著的人站不起來？

要弄明白這個問題，就得先明白人是如何從端坐（注意一定要端坐，聳肩彎背的姿勢不在考慮之列）到站起的。人在端坐時，重心位於小腿後面，臀部附近。站起過程是重心向前向上移動的過程，具體步驟是腰腹部肌肉收縮，身體前傾將重心移到與腳垂直，腿部肌肉收縮使腿站直，重心上

移。

　如果端坐時有人用手指抵著額頭（注意是額頭，如果抵胸及胸部以下的話，一根手指就辦不到了），那麼身體是無法前傾的，因為腰腹部肌肉在臀部附近，而身子前傾卻是以臀部為支點的轉動，所以腰腹部肌肉的力臂短，而抵額頭的指頭力臂長。這樣指頭用很小的力就可以造成較大力矩，以致腰腹部力量無法克服該力矩，重心不會前移。第一步沒有發生，腿部肌肉無從發力，我們也就站不起來了。

27 為什麼濕衣服在身上很難脫下，而光腳踩在濕的地面上就容易滑倒？

　當衣服被水浸濕之後，原本那些與皮膚沒有接觸到的縫隙就填滿了水，水對於衣服以及人的皮膚都具有較強的吸附力。另外，即便是浸濕的衣服，在皮膚與衣服之間也會存在一點空氣，增加了表面積，使得表面張力大大增加，從而導致衣服不容易被脫下。比如濕襪子不好脫，但是當把腳伸到水裡脫就很容易脫下去了。

　至於光腳踩在濕的地面上會打滑，首先這一地面即便是乾燥時也具有較小的摩擦係數，也就是說並不是任何濕潤的地面踩上去都容易滑倒。容易滑倒的地面其表面比較光滑，因此此時水分子的作用更多的是潤滑。

28 水黽為什麼不會沉下去？

　　水中物體，受到的浮力等於排開的水的重量。所以對實心物體而言，如果其密度大於水的密度，浮力就無法支撐其重力，物體下沉；反之，物體則漂浮在水面上。但有一些情況例外，小心放置密度比水大的小物件（如迴紋針、硬幣等）於水面，它們也會漂浮在水面上。這裡的浮力不足以使小物件漂浮，而使其漂浮的是另外的力——表面張力（顧名思義，這個力只有液體表面存在，液體內部是不存在的）。像水球的形狀、毛細現象等，均與表面張力有關。

　　水黽之所以會漂浮在水面上，是因為它充分利用了水的表面張力。一方面，水黽腿部狹長，使其自身重量被有效分散；另一方面，這類動物身體表面一般都有一層拒水絨毛，使其身體始終處於水的表面。

29 為什麼玩滑板時，猛然向上躍起，滑板也會跟著向上運動，就像粘在腳底？

　　問題中所說的動作被滑板愛好者們稱為豚跳（Ollie）。首先將後腳移到滑板後翹的末端，身體下壓，準備起跳。然後用後腳壓板，前腳起跳，這時滑板相當於一個支點在後輪的槓桿，在後腳向下的壓力作用下，滑板的前端上翹。一方面，當滑板後翹觸及地面時，後腳起跳，在慣性的作用下，滑板繼續上升，此時整體已經離開地面；另一方面，當滑板前端碰到跳起的前腳時，前腳外翻腳背，並向滑板前翹移動，給予滑板平行於板面向上的動摩擦力，可以進一步將滑板「拉升」。最後用雙腳將板面踩平，人和滑板一起下落至地面。雖然說物理過程不難，但過程中對身體的協調性和時機的掌握度要求較高，需要大量的練習。

30 用相同的力轉動一個生雞蛋和一個熟雞蛋，為什麼熟雞蛋轉動的時間更長？

　　熟雞蛋內外是一個不分離的整體，當其轉動時，形狀不變、性質不變，可以看作一個剛體，設定一個初速度，其轉動時只要找到合適的轉軸就會穩定地轉起來。

　　生雞蛋的殼是固體，裡面的蛋白和蛋黃都是液體，轉動

時，由於其整體不連接，內部的液體部分由於慣性作用會有逐漸加速的過程，這個過程會由於阻力的產生有能量耗散。而且其旋轉時，雞蛋內部由於密度不均勻，蛋液會向蛋殼不規則流動，導致轉動慣量依賴轉速而變化，引入一個不穩定因素，因此，相比之下，熟雞蛋轉動的時間更長一些。

31 溜溜球甩出去，為什麼能自己滾上來？

溜溜球（Yo-Yo）是一項花式紛繁、極具觀賞性的手上技巧運動。據傳，它起源於菲律賓狩獵民族在狩獵和戰鬥時所使用的武器——繩子前端懸掛著重物，並且「Yo-Yo」在菲律賓的土語塔加路（Tagalog）語中是「回來」或「去回來」的意思。那麼，溜溜球在甩出去之後是如何回來的呢？

傳統的溜溜球中單股繩直接繫在輪軸上，將溜溜球的輪軸和輪盤看作一個剛體，在溜溜球被向下甩出的過程中，在重力和人給予的初始衝量的作用下向下運動，同時由於重力和繩子對其的力矩作用開始轉動，重力位能逐漸轉換成平動動能和轉動動能，隨著重力位能的減少，下落的速度越來越快，轉動的速度也越來越快。當細繩全部展開後，下落速度和轉動速度達到最大值，這時原來的重力位能完全轉化為平動動能和轉動動能。

　　由於轉動慣性的作用，在最低點時溜溜球還會繼續旋轉，但此時細繩已經全部展開，溜溜球已不可能繼續往下走，由於細繩與輪軸是固連的，繼續旋轉就會從另一個方向開始纏繞細繩，開始爬升，即所謂的「自己滾上來」。但由於細繩不是完全彈性體，在溜溜球轉向的過程中平動動能有所損失，在向上運動時不會回到初始位置，因此需要在初始時將溜溜球「甩」出去或在最低點時迅速提一下細繩以補充能量損失。

　　為了使溜溜球在最低點處懸停足夠長的時間來完成一些高難度動作，人們發展了一系列現代化溜溜球——軸承型、離合型溜溜球等。其原理與現代溜溜球基本一致，細繩與輪軸沒有直接固連，在最低點時輪軸能夠繼續克服細繩對其的摩擦力旋轉而不纏繞細繩。為了使溜溜球滾上來，有時需要提一下細繩，使得輪軸與細繩接觸的地方壓力增大，對應摩擦力增大，大於靜摩擦力時會使細繩開始纏繞輪軸，進而開始爬升，回到玩家手中。

32　為什麼放風箏放到一定高度要收線再繼續放長呢？

　　極限情況下考慮一直放線且放線速度極快，以至於不對風箏產生力的效果，則風箏在不考慮重力的情況下會隨著風

一起做相對靜止運動，對於一般的對流層來說，風箏會越飄越遠。當然，這是在絕對理想的情況下。對於低空下的飛行來說，由於周邊建築和地形的影響，其空氣流不穩定導致風速和方向都不穩定，又由於風箏本身的重力作用，風箏會掉下來。

此時由於風箏需要迎風前進一段，且本身和水平方向有一個夾角，在迎風移動的過程中，氣流會給風箏帶來更大的向上的升力，於是風箏的垂直高度會有所增加，同時線短了，線和地面形成的夾角增大了，隨後適當放長一段線可以讓風箏在更高更遠的地方重新達到一個平衡點，反復這個過程，風箏就可以飛得又高又遠。

33 怎樣最快地把裝滿水的瓶子裡的水全部倒出來？是直接把瓶子倒過來快，還是傾斜一定角度（水不把瓶口封住）快？

當你把裝滿水的瓶子倒過來，水當然會流出來。瓶內的氣壓會越來越小，瓶內外的壓力差會阻礙液體進一步流出。提問者提供的方法是傾斜一定角度，儘量不讓水把瓶口封住，這確實是個好辦法，因為這樣可以始終保持瓶內外壓力大小一致，但是這樣就不能充分利用重力。

還有一種辦法是邊轉動瓶子邊倒，因為轉動形成的渦旋

可以將瓶內外的空氣連接起來，這樣既能保證瓶內外氣壓平衡又能充分利用重力。當然，還可以狂甩把水甩出來，就像洗衣機甩乾衣服一樣。

34 如何擺脫地心引力？

只要你跑得足夠快，地球就抓不住你。

宇宙中每一個物體都以一定的力吸引著其他物體，這就是傳說中的萬有引力。

對於一個人來說，如果想要擺脫地心引力，根據引力定律，有四種方法。

方法 1：將地球的質量變為 0。要想做到這一步，雖然方法有很多，比如說將地球質量離散化，不斷拋出一塊塊到外太空，直至質量為 0，但這樣實施起來並不簡單，而且可能會讓你成為全人類的公敵。

方法 2：將你的質量變為 0。這可能難以實現，但是最簡單的方法是，你的思維是沒有質量的，其本身是不受地心引力影響的，所以，請讓你的思維自由思考飛翔吧（這也可能是成本最低的方法了）。

方法 3：將地球的質量轉變為人的質量。你可以努力吃土，等到地球的質量為 0，你的質量為兩者質量之和時，你

就完全不受地心引力影響了。

　　方法 4：增大你與地球之間的距離，當這個距離趨近於無窮時，引力就可以忽略不計了。根據萬有引力定律，當把太空梭以超過第二宇宙速度（11.2km/s）發射之後，它就會脫離地球的引力場而成為圍繞太陽運行的人造衛星。當達到第三宇宙速度後，它就會脫離太陽系，飛翔於浩瀚的宇宙。

35 如果壓力足夠大，水可以被壓縮嗎？

　　可以。壓縮性是流體的基本屬性。任何流體都是可以被壓縮的，只不過可壓縮的程度不同而已。液體的壓縮性都很小，隨著壓力和溫度的變化，液體的密度僅有微小的變化，在大多數情況下，我們可以忽略壓縮性的影響，認為液體的密度是一個常數。

　　水作為液體也是可以壓縮的。從分子和原子尺度上考慮，水分子和水分子之間具有一定的空隙，氫原子和氧原子之間也存在距離，但分子或原子間很強的作用力使得其難以被壓縮，不過還是可以壓縮的。一個很好的例子是在重力作用下，深海中的水被其上部的水壓縮，其密度比海面水的密度大。

36 為什麼強化玻璃敲邊緣比敲中間容易碎？

　　先介紹一下強化玻璃是怎麼生產出來的。一種生產強化玻璃的方法是將普通退火玻璃加熱到軟化溫度，然後再將其急速冷卻。在急速冷卻過程中，玻璃表面被冷卻至退火溫度以下，快速硬化，形成固態外殼；而內部的玻璃還處於液態，慢慢冷卻時會拉著固態外殼收縮，讓表層玻璃（固態外殼）受到巨大的壓應力，相應地，內部的玻璃則被固態外殼拉向四周，受到的是張應力。「魯伯特之淚」[1]也是出於這個原理。

　　當強化玻璃受壓時，外力首先要抵消玻璃表層的壓應力，從而提高了玻璃的承載能力。因此，我們可以知道，強化玻璃抗衝擊性能好的原因是其表面具有壓應力。但是強化玻璃的邊角區域往往會應力集中，屬於比較脆弱的區域，因此敲擊邊緣容易碎。汽車的側窗玻璃就是強化玻璃，細心點就能發現，逃生錘的使用指南上說要敲擊側窗玻璃的邊角，原因就是敲擊側窗玻璃邊角容易使玻璃出現裂縫，進而應力釋放會讓整塊玻璃碎成渣渣，便於逃生。

1　編註：17 世紀英國魯伯特王子把融化的玻璃液滴滴進水內，形成玻璃珠，形狀像淚滴，被稱為魯伯特之淚（Prince Rubert's Drop.）。

37 兩輛車拔河（車頭相反），到底是車重還是馬力決定誰拉動誰？

先公佈答案，車重和馬力都不能單獨決定誰拉動誰。先看下圖，可以將兩輛車拔河的場景抽象成圖中的模型。

誰能勝出的決定性因素是地面給誰的摩擦力大。這個摩擦力決定於車和地面之間的最大靜摩擦力（由車重和輪胎以及地面的性質決定）以及車能給地面的最大橫向作用力（取決於車的扭矩，一般來說，馬力大的車扭矩也小不了）。那麼兩者在拔河過程中分別起到什麼樣的作用呢？最大靜摩擦力限制了地面施加給車的橫向作用力的最大值，而扭矩決定了汽車可以將最大靜摩擦力的潛力發揮出來多少。

　　聽起來非常拗口吧？下面用兩個極限情況下的例子來講解。

　　1. 兩輛車，一輛車的扭矩很大，停在絕對光滑的地面上；另一輛車的扭矩很小，停在粗糙的地面上。很顯然，地面不會給第一輛車任何橫向作用力，所以第二輛車輕鬆勝出。因此，扭矩大也有可能會輸。

　　2. 一輛車和一座山拔河。山的扭矩是零，車的扭矩不為零。可想而知，車永遠拉不動山，但反過來看，雖然山永遠不會輸，但是也永遠不能將車拉動。因此，最大靜摩擦力大不見得能贏，但一定不會輸。

　　綜上，在簡化模型中，最大靜摩擦力和扭矩的其中一個因素並不能決定誰會贏，只有最大靜摩擦力大、扭矩又大的一方才一定會贏。其他情況還要具體分析才行，不再贅述。在實際情況中，我們還要考慮力的作用點和作用方向等因素，問題會變得更加複雜。

農畜
ち

— Part2 —
聲學篇

01 能解釋一下音爆現象嗎？

　　音爆通常是飛機等物體在速度超過聲速（或者發生爆炸）時，伴隨而來的一種發出巨大聲響的現象。要解釋這種現象，就要有一定的波動知識。我們知道聲音是一種機械波，它是密度振盪的傳播。聲音具有一定的傳播速度，具體數值與介質相關。我們以聲音在空氣中的速度為例（約340m/s），這是密度振盪在空氣中的傳播速度。如果聲源（如飛機）的速度等於或者超過聲速，那麼由物體運動所引起的密度壓縮將無法向前傳播。其結果是在物體與空氣的接觸面形成一層很薄的壓縮層，壓縮層內密度大，溫度高，這就是所謂的震波。壓縮層與層外空氣在密度和溫度上都有躍變。當壓縮層經過普通空氣時，空氣的密度、壓力會有一個躍升躍降的過程，該過程有大量能量釋放，發出巨響。這就是所謂的音爆了。

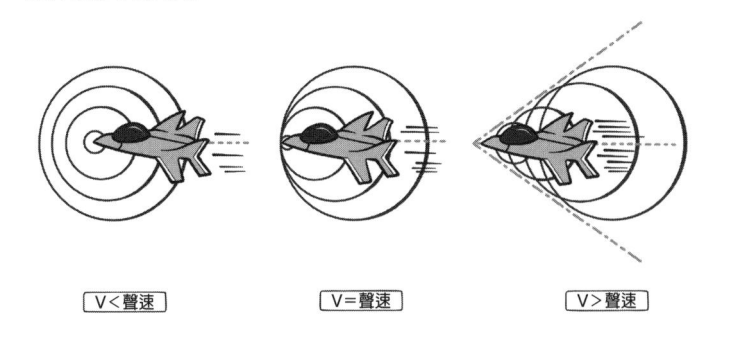

V<聲速　　　　　　V=聲速　　　　　　V>聲速

　　有趣的是，在震波形成過程中，由於其震波層內的壓力
驟增，空氣中的水蒸氣會凝結成小水滴，形成美麗的音爆
雲。喜歡軍事或者空戰電影的同學對此一定不陌生。

　　其實音爆現象在日常生活中蠻常見的。我們在廣場時不
時碰到有人抽陀螺，總會聽到「啪」的聲響。這就是鞭子的
尾端瞬間超音速發出的音爆聲。

02 為什麼在打電話時對方能聽到你的聲音？為什麼手機等音訊設備能錄下人的聲音？

　　在生活中，你聽到聲音是因為聲源發出的振動經過空氣
的傳播進入你的耳朵，然後空氣引起鼓膜振動，鼓膜的振動
經過神經傳入大腦，這樣你就聽到了聲音。所以你直接聽到
的是傳播到你的耳朵裡的振動。

　　可以想像，如果可以製造和某種聲音一樣的振動，即便
聲源不存在，那麼對於你來說，聽到的聲音和聲源發出的聲
音是沒有區別的。電話可以把說話的人造成的振動包含的資
訊透過電磁波傳遞給接收信號的電話。電話接收到信號後，
又透過揚聲器重現了說話人造成的振動，這樣你就可以聽到
對方說的話了。

　　手機錄下人聲的原理，簡單地說就是，錄音設備把人聲
轉換成相應的數位信號，然後把數位信號記錄在晶片裡，需

要重現聲音的話，只需要讀取晶片裡的數位信號來類比錄入的聲音就可以了。這就像你根據別人的朗誦用筆記錄下內容，然後自己再把它讀出來：你直接記錄的並不是聲音，但是你可以透過記錄的資訊重現聽到的聲音。

03 為什麼聽手機錄下的自己的聲音和自己真實的聲音差別很大？

手機在錄音與播放錄音的過程中會有少許的失真，但這並不是這個問題的主要原因，非本人聽到手機錄音會認為這種聲音與直接對話時聽到的聲音差別不大。

那麼真正原因又是什麼呢？

根據聲音的傳導方式，人聽到的聲音有兩個來源：空氣傳導和骨傳導。可以做這樣一個小實驗來感受骨傳導的存在：首先摀住自己的耳朵，使自己幾乎聽不到別人的聲音，其次用很小的聲音說話，會發現自己能夠很清楚地聽到自己在說什麼。

聲帶是身體的一部分，所以振動發聲時，骨傳導的效果明顯，而外界空氣傳導來的聲音幾乎不會引起骨傳導。人聽到的自己說話的聲音是空氣傳導與骨傳導的合效果，其中骨傳導占主要作用，而錄音則只有空氣傳導，因此聽起來感覺不一樣，差別很大。

04 響指是如何打響的？

要想知道響指如何打響，首先就得分析出響指的聲源在哪裡。我們曉得聲音是靠機械振動產生的。那麼響指的聲源在哪裡？指頭？顯然不是，指頭的振動頻率達不到人耳可聽到的程度。

其實響指的聲源在於手指與手掌形成的空腔（air containing space）。以中指拇指響指為例，無名指和小指與手掌形成空腔。中指的快速拍打引起空腔內氣柱的振動，產生具有一定頻率的駐波，發出聲響。這一點很容易證明，當把空腔打開時，就聽不到響指的那個聲響了。

05 麥克風為什麼能讓聲音變大？它是怎麼轉化我們的聲音內容的？

麥克風其實並沒有把聲音放大的功能，麥克風的作用只是收集聲音信號，真正把聲音放大的是音箱。

首先，麥克風透過感測器把聲音的機械信號轉化為電信號。此時的電信號中含有很多雜訊，所以需要先對其進行濾波和降噪操作，再透過有線或者無線傳輸的方式傳給音箱；其次，功率放大器將電信號功率放大；最後，喇叭再將電信

號轉化為聲音信號釋放出來，此時喇叭釋放出來的聲音的功率就要比原始聲音大。

這個過程中，讓聲音變大的主要模組是功率放大器，其主要原理是透過三極管（triode）的電流控制作用或者場效電晶體（field effect transistor）的電壓調製作用，將電源的功率轉換為按照輸入信號變化的電流，也就是將輸入信號的電流放大。

06 請問，順風時，聲音的傳播速度會不會變快？

假設風的各個部分定向運動的速度相同，那麼順風時，聲音的傳播速度會變快。

聲音在空氣中是怎麼傳播的呢？聲源振動引起附近的空氣分子振動，這些空氣分子又會引起它旁邊的空氣分子振動，振動透過空氣分子向遠處傳播，這就是聲音的傳播方式。聲音傳播的速度——聲速，與空氣本身的性質（包括氣壓、濕度等）有關。

風是空氣分子定向運動引起的，在和風速度相同的參考系中觀察，風就是一團靜止的空氣，在這個參考系中，聲速就是正常的聲速（大約 340m/s），但是如果站在地面上測量，聲速還要疊加上參考系自身的速度。因此，地面上測到

的聲速就變大了。

沿風速方向的聲速增大還會造成聲波向風速方向聚攏。「順風而呼，聲非加疾也，而聞者彰」，說的就是雖然聲音沒有變得更洪亮，但是可以讓更遠的人聽到，這就是風速改變聲速的結果。

07 共鳴腔為什麼能提高聲音的響亮程度？

共鳴是日常生活中常見的現象，很多歌手在唱歌的時候會利用共鳴來控制與加強自己的聲音。鳥類透過控制鳴管引起不同的共鳴唱出婉轉的歌聲，很多樂器也會透過共鳴發聲，但是為什麼共鳴腔會加強聲音呢？這個能量又是從哪裡來的呢？

共鳴腔是透過聲波在共鳴腔內部來回反射形成駐波來加強聲波的，改變共鳴腔的形狀可以改變腔體內發出的聲音，如鳥類透過控制鳴管的變化來發出音調多變的鳴叫。

說得更準確一點，共鳴提高的是聲音在特定頻率上的強度，並且這個頻率跟共鳴腔的形狀和材質密切相關。共鳴之所以能提高某一頻率的聲音強度，是因為這個頻率與材料的固有頻率一致，外界聲音的能量可以在這個材料的固有頻率上不斷疊加起來。這就好像你在推鞦韆，鞦韆振盪的頻率與

坐鞦韆的人的體重和鞦韆的線長有關。但如果你推鞦韆的頻率剛剛好與鞦韆自己振盪的頻率一致的話,那即使你每次推的力氣不大,鞦韆也會把你每次推的能量疊加起來,所以越盪越高。

08 一段繩子在兩端同時搖,繩子會在中間相互抵消歸於平靜。我想知道聲波可以嗎?如果可以,能不能用於整治噪音污染?

這裡涉及了波的疊加原理:在兩列波重疊的區域內,任何一個質點同時參與兩個振動,其振動位移等於這兩列波分別引起的位移的向量和。聲波也是波,滿足波的疊加原理。

如選擇兩束合適的聲波進行疊加,一個區域內的聲音可以大幅減小。這也正是主動降噪耳機的工作原理:降噪系統可以針對外界的雜訊產生合適的聲波,兩者疊加剛好使雜訊消失,這樣可以大大提高耳機的性能。當然,如此有科技含量的耳機往往很貴。

雖然主動降噪的原理很簡單,但是如果要大規模使用的話,成本會非常高,所以一般不用這種方法整治噪音污染。

09 透過耳朵來判斷聲源一定準確嗎？

　　不一定準確。

　　人類利用雙耳效應來判斷聲源的位置時，人的兩隻耳朵在頭部的位置不同，朝向也不同。同一個聲源發出的聲音在任何一隻耳朵聽來都是不一樣的，我們利用這種區別可以判斷聲源的位置。所以只要能模仿這種差別就可以騙過耳朵。比如在回聲時，聲音聽起來好像是從聲音反射的位置發出的，但是真正的聲源並不在那裡。

— Part3 —
光學篇

01 請問雷射如何分類？為什麼有的雷射能夠透視，有的能夠切割？它們本質上有什麼不同嗎？

雷射是 20 世紀以來人類的重大發明之一，被稱為「最快的刀」、「最準的尺」、「最亮的光」。

雷射可按功率、用途、連續與否、脈衝時長、產生方式、發光波段等許多方面進行分類。其中，按照波段可分為紅外波段、可見光波段、紫外波段、X 射線波段等類型。

本質上講，雷射產生的微觀機制與普通光不同。比如白熾燈發光是自發輻射，各原子躍遷發光時彼此沒有強烈關聯。而雷射則是受激輻射並放大，在輻射場的作用下，激發態的原子向低能階躍遷發光，這些光的頻率、相位、傳播方向、偏振狀態相同。這導致雷射具有優異的相干性、方向性，也可以達到很高的強度。

如果該雷射處於 X 射線波段範圍，由於其能量高、波長短，甚至小於原子間距，可以穿透物體，又因為不同物質中電子密度和分佈不同，透射率有差異，所以可以實現成像。如果該雷射處於可見光或紅外光波段，可以像雷達那樣，探測其發射後再次返回的時間，或者利用其良好的相干性，探測其被散射後的光場分佈，經過計算，一定程度上重建出障礙物後物體的形貌，這也可以算是另一種形式的「透視」。而如果雷射強度極大——最好處於紅外波段，則具有明顯的

加熱效應，可以將材料迅速加熱至熔化甚至汽化，實現雷射切割。

02 為什麼買的紅色雷射筆看著光點好像有許多小紅點在動？

這種斑點稱為雷射散斑（laser speckle），是由雷射發生干涉形成的。

一般來說，雷射筆照射的平面表面都有微小的凹凸不平，粗糙表面可以看作由不規則分佈的大量面元（surfel）構成，同調光（coherent light）照射時，不同的面元對入射同調光的反射或散射會引起不同的光程差，反射或散射的光波動在空間相遇時會發生干涉現象。當數目很多的面元不規則分佈時，我們可以觀察到隨機分佈的顆粒狀結構的圖案，也就是所謂的雷射散斑。

03 驗鈔機發出的是紫光，但此光並不是紫外線，那麼驗鈔機發出的究竟是什麼光？

首先明確一點，紫光不是紫外線。常見的驗鈔機能夠明顯地看到其發出的紫光，但這並不是用於驗鈔的紫外線，紫外線不屬於可見光，我們是看不見的。但需要強調的是，驗

鈔機確實發出了紫外線,它輻射的光的能量主要集中在紫外波段(波長約為 365nm〔奈米〕)。

下面先簡單介紹一下驗鈔的原理。人民幣採用的是專用紙張,該紙張在紫外線照射下是不會有螢光反應的。但市面上能買到的紙張都會有螢光反應,在紫外線的照射下會發出紫光和藍光。因此,直接測量紙張有無螢光反應即可辨別紙幣的真偽。另外,紙幣上也用特定的螢光油墨寫了一些標記,這些標記在紫外光照射下也會顯現出來,幫助我們用肉眼識別真偽。

紫外線是在可見波段之外的,那我們又是怎麼看見紫光的呢?

對於常見光源來說,它發出的光都不會只有某一個特定波長,其光譜都會有一定的頻寬。而驗鈔機光源發出的光,正好覆蓋到了可見光波段的紫色部分。當然,我們可以透過技術來消除紫色可見光,但那樣的成本會比較高,得不償失。況且紫光本身波長已足夠短、能量足夠高,也可以激發出綠色、紅色等波長較長的螢光。另外,我們還可以根據紫光是否存在,判斷驗鈔機是否正常工作,所以我們就對紫光的存在寬容些吧。

04 為什麼用微波爐加熱食物時不能用金屬餐具？

微波爐主要透過加熱食物中的水分子來加熱食物。如果使用金屬餐具盛放食物用微波爐加熱，通常會遇到以下三個問題：

1. 加熱效果差。因為金屬可以遮罩電磁波，本來應該照射在食物上的電磁波就會被金屬器皿擋住，導致食物不能被充分加熱。

2. 金屬餐具發燙。金屬不僅會遮罩電磁波，還會吸收電磁波，電磁波會在金屬中誘導出電流，電流會讓金屬大量發熱，這時餐具在某種意義上來說就成了一個電磁爐。

3. 可能會產生電弧。金屬餐具在電磁場中會產生響應，導致金屬表面的電荷重新分佈，在電荷密度大的地方容易發生擊穿而產生電弧。電弧可能會引燃食物裡的可燃物，還有可能會對微波爐本身造成傷害。

05 如何從物理學角度解釋玻璃是透明的？

我們知道光入射到任何材料上，都會產生吸收、反射、散射等現象。

玻璃屬於絕緣體，導電性較差，因此我們不需考慮和金屬一樣由外部自由電子導致的強烈的反射。玻璃為均質的非晶體，因此散射作用也不會很明顯。

玻璃的主要成分為二氧化矽、矽酸鈉、矽酸鈣等，是一種高度無序的非晶體。從晶體角度結合光吸收可以解釋二氧化矽為什麼是透明的。

二氧化矽，也就是我們常見的水晶，能隙為 5.2eV（電子伏特），可見光波長為 400～700nm，由德布羅意方程（The de Broglie relations）可以計算得到可見光能量為 1.6～3.1eV。因此可見光波段的能量太小，不足以使電子躍過二氧化矽的能隙，因此，二氧化矽在可見光波段可以被認為是透明的。

06　為什麼被水打濕的紙張比乾紙張的透光性好？

首先我們需要搞清楚紙的成分，我們平時用的紙是經過一系列複雜的工藝造出來的，主要由纖維素和填充料構成，有的紙會加一些鈦白粉以使其看起來更白一些。那為什麼紙被打濕以後看起來會更「透明」一些呢？

當紙沒有被打濕的時候，纖維素和填充料錯綜複雜地縱橫交錯在一起，纖維素的折射率為 1.466～1.485，與空氣折

射率（非常接近 1）相差較大，所以經過折射以後光線傳播路徑會發生較大改變，加上錯綜複雜的介面分佈，光線就被折射到四面八方去了，所以人眼看起來，紙是不透明的。但是當紙被水或油浸濕以後，因為水的折射率為 1.33，與油（1.4～1.5）跟纖維素比較接近，紙就變成了比較均勻的結構，光線在紙—水介面上傳播路徑的變化並不大，同時水（油）還把紙「高低不平」的表面填平了，使得整個紙的結構變得像玻璃一樣，透光率就大大提升了。襯衫被汗水浸濕之後的透光原理與此類似。

07 近視的人不戴眼鏡，用鏡子反射看物體，為什麼也看不清？

用鏡子反射看物體時，雖然你的眼睛離鏡子很近，但是鏡子所成的像和你的距離很遠。平面鏡成的是等大的虛像，也就是你看到的像和直接觀測時看到的物體是一樣大的。物體和你的距離並沒有改變，還是之前那麼遠，因此平面鏡並不能幫助近視的人望遠。

我們在測視力的時候，經常會遇到房間大小不夠的情況，這時候醫生就需要借助鏡子，透過鏡子裡的視力表來測視力。

08　我是近視眼，摘了眼鏡之後看不清東西，但是透過拳頭的小孔還是能看清一些，是因為我眼睛瞇起來，還是因為小孔成像？

　　近視眼的同學透過拳頭形成的小孔能夠看得更清楚些，其原理與瞇眼是一樣的。

　　健康人的眼睛，焦平面與視網膜是重合的，近視眼的同學由於水晶體變厚，焦面前移，沒有與視網膜重合。遠視眼就是焦面到了視網膜的後方，也沒有與視網膜重合。

　　遠處的光射入眼睛時，經水晶體折射在焦面上成像，正常人的眼睛正好成像在視網膜上，透過視神經感光，將信號傳給大腦。如果近視，那麼由於焦面前移，在視網膜上像點

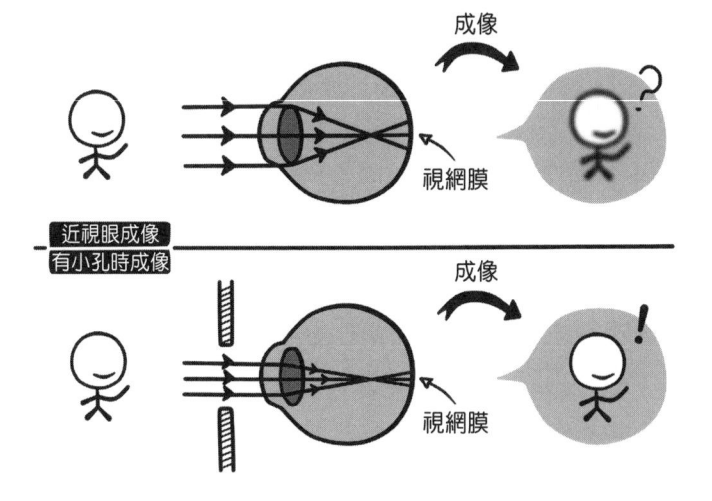

會變大，不同像點交疊，呈現出模糊的像。這時如果限制入射光的寬度，那麼在視網膜上的像點會變小，這樣就減少了各像點之間的交疊，使圖像更清晰，此外，將入射光局限到近軸範圍內，也可以一定程度上減小像差。

　　小孔成像是直接透過小孔不經折射地成像。而光線進入人眼，是經過水晶體折射的，顯然不是單純的小孔成像。

09 為什麼在水裡睜眼看東西會看不清？

　　正常人在水中是遠視眼。在人眼中，水晶體會把外界的光線匯聚成像到視網膜上，視網膜上的感光細胞會將信號透過神經傳遞給大腦形成視覺。因此，水晶體在視網膜上成像的質量好壞是人能否看清物體的關鍵。由於水的折射率大於空氣，所以習慣了在空氣中看物體的人眼進入水中之後就會難以將光線匯聚成清晰的像，這就是人在水中看不清的原因。

10 人老了會又近視又老花眼嗎？

　　老花眼實際上是隨著年齡增長，眼球水晶體逐漸硬化、

增厚，而且眼部肌肉的調節能力也隨之減退，導致變焦能力降低造成的。我們知道，人眼是透過睫狀肌來調節水晶體的曲率，進而來調節眼睛的焦距的。看近處的物體時，人眼的焦距短，看遠處時，焦距長。眼睛能夠看到最近的物理的距離稱為近點，而能看到最遠的物體的距離則為遠點。正常的眼睛遠點是無限遠的，近視之後遠點會近移，就是說遠處的物體以前隨隨便便就能看得一清二楚，現在必須離近點看了。對於近點來說，幼年時在眼前 7～8cm 處，成年後約為 25cm，到了老年之後會移到 1～2m。近點變遠的表現就是離得近看不清，但這個和遠點變近是不矛盾的，因此可以既遠視又近視，所以老花眼的人同時也可以近視。

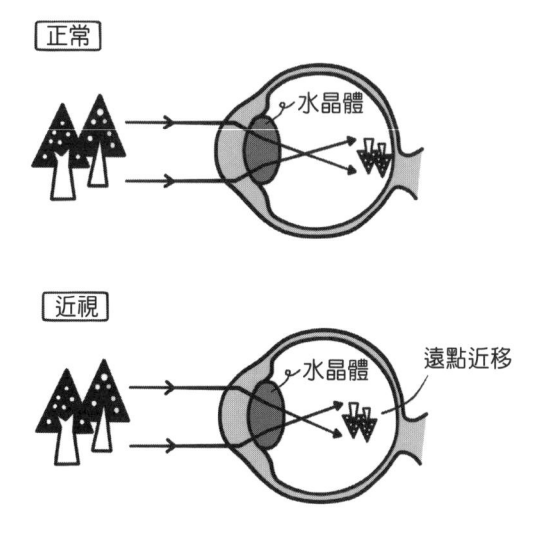

11 為什麼眯著眼看燈光會有光柱的感覺？

　　眯眼的時候，上下眼皮之間的距離越來越近，你所能看到的視野也越來越狹窄，這個過程相當於透過一個狹縫來看外邊的景象，並且這個狹縫越來越窄。

　　通常情況下，我們並不能觀察到光的干涉、繞射現象，其中有一個很重要的原因是光傳播時所經過的物體的尺度都遠大於光的波長，這種情況下物體對光的影響就微乎其微了，光幾乎是沿著直線傳播。但如果物體的尺度和光的波長相當時，情況就不一樣了。

　　我們平時所看到的各式各樣的光並不是單色光源，這些光源發出的光是斷斷續續的，有隨機的時間差，它們是不相干的。或者說，即便發生干涉也是各種各樣的干涉的疊加，綜合起來相當於沒有。法國物理學家菲涅耳在惠更斯（Christiaan Huygens）的光學理論基礎上進一步完善，提出了子波相干疊加理論，又稱為惠更斯－菲涅耳原理（Huygens–Fresnel principle）。這個原理的表述為：同一波面上的每一微小面元都可以看作新的振動中心，它們發出次級子波。這些次級子波在空間某點相遇時，該點的振動是所有這些次級子波在該點的相干疊加。

　　所以，如果狹縫的尺度足夠小，那麼透過狹縫的那部分

光便幾乎是相同的光,它們是同調(coherence)的。

此時如果考慮光從狹縫穿過的傳播情況,就需要考慮光的波動性了,光會發生單縫繞射,在視網膜上形成明暗相間的條紋,最中間是亮條紋,其寬度大、亮度大,其餘的次級亮條紋強度很小。

最中間的亮條紋的寬度要比狹縫寬,這就是眯眼所看到的光柱,而這一亮條紋的寬度與你眯眼的縫隙寬度成反比,所以越眯眼,光柱就會越寬。

12 用非 2B 鉛筆或中性筆塗答案卡可以被識別嗎?

現在的答案卡讀卡機主要是利用紅外線感應碳(石墨)技術,這種技術檢測的是所塗色塊的兩個指標:碳濃度和面積。只有這兩個指標同時達標才會被識別為有效記號。如果使用 HB 鉛筆或者中性筆塗寫,可能會因為碳含量不夠而造成檢測失敗。讀者可能會問為什麼不使用含碳量更高的鉛筆,那是因為那樣的鉛筆塗出的筆跡很容易被蹭花而影響卡面整潔,進而影響識別效率。

當然,答案卡讀卡機所用的原理並不是只有這一種,並且,就算是使用紅外線感應碳(石墨)技術也不是完全不能識別非 2B 鉛筆的筆跡,為了不造成不必要的麻煩和損失,

請一定要按照考場要求準備塗卡筆。

13 為什麼肥皂泡有彩色條紋？

肥皂泡並不總是彩色的，有時候它也會是無色透明的！

我們先說說肥皂泡為什麼會是彩色的。太陽光並不是單色光，經過棱鏡折射之後，它會被分成七種顏色，這是因為不同波長的光在介質中的折射率不一樣。肥皂泡的表面相當於一層薄膜，而這層薄膜的折射率和空氣是不同的，因此光照過來之後會發生反射與折射，並產生干涉條紋。因為太陽光是複色光，所以會有不同顏色的條紋疊加在一起，形成了混合的彩色，我們通常稱它為薄層色。

當一束光從空氣射到薄膜上時，一部分發生反射，另一部分透射進薄膜裡，而到了薄膜裡的光在到達薄膜的下表面時又會被反射回來一部分。這兩次反射的光是從一束光分出來的，因此是同調的，會產生干涉。從空氣到薄膜這一過程的反射與從薄膜到空氣這一過程的反射是不同的物理過程，會產生額外的光程差，即波長的一半，這便是所謂的半波損失。

如果薄膜的厚度非常薄，遠小於光的波長，則兩束光的光程差便只有波長的一半，會發生破壞性干涉（destructive

interference），因此在反射光中便看不見薄膜了，而透射光沒有額外光程差，所以此時薄膜便是透明無色的。

14 夏天陽光很猛烈的時候，在高速公路上開車，為什麼會看到前方一兩百公尺遠的地面在反光，好像有積水一樣？

高速公路上比較寬闊，如果不颳風的話，則空氣的流動會相對比較穩定，越接近地面的空氣溫度越高、密度越小，即從上到下空氣的密度在逐漸減小。

光在不同折射率的介質中傳播時會發生折射，光從折射率大的介質向折射率小的介質傳播，當入射角達到某一臨界角度時會發生全反射。

光在地面傳播的時候，越靠近地面空氣的密度越小、折射率越小，因此將不停地發生折射，當角度達到臨界角時便發生了全反射。此時地面上發生全反射的空氣層就相當於一面鏡子，可以反射光，因此其亮度將比沒有發生全反射的地面亮得多，並且還能看到倒影，在視覺上就像是一攤水。

15 請問人造光大致分為哪幾種，分別有什麼特點，與太陽光相比有什麼不同，能不能使植物進行光合作用？

　　人造光是由人工設計製造的儀器、設備產生的光。按先後出現順序，人造光源可以分為火把、油燈、蠟燭、白熾燈、低壓汞燈、高壓氙燈等，當然還有雷射。

　　火把、油燈和蠟燭都是利用物質燃燒產生大量光和熱的原理，透過控制其燃燒速率使其可以穩定持續地發光的；白熾燈利用熱輻射的原理透過對物質加熱，使其達到白熾狀態，輻射出可見光；低壓汞燈通電後釋放紫外線，可直接用於消毒殺菌，也可用於激發螢光粉發出可見光；高壓氙燈是燈內兩個電極在電場的作用下，電流透過一種或幾種氣體或金屬蒸汽而放電發光的；雷射主要利用的是受激發射光（stimulated emission）放大的原理發光的。

　　這些光源發出的光線與太陽光的主要區別在於其光譜差異。太陽光指的是太陽所有頻譜的電磁輻射。我們通常討論的太陽光是經過地球大氣層過濾後照射到地球表面的太陽輻射，主要包含紫外線、可見光、紅外線等，光譜整體上連續，但中間一些波段會因大氣中各類分子的吸收而變弱。日常用的白熾燈光譜是峰值波長在紅外波段，但整體覆蓋可見光範圍的連續光譜。螢光和氣體放電燈的光譜都是不連續

的，前者與螢光粉的種類有關，後者與電流密度的大小、氣體的種類及氣壓的高低有關。

光線能否使植物進行光合作用，主要考慮的也是光譜的分佈。植物光合作用主要靠可見波段的光來進行，波長 390～410nm 的紫光可活躍葉綠體運動，波長 600～700nm 的紅光可增強葉綠體的光合作用。因此，只要含有這個頻譜的光就可以使植物進行光合作用，即人造光是可以使植物進行光合作用的。當然，為了植物的健康生長，我們還是不要用雷射來使植物進行光合作用啦！

16 平面鏡成像，為什麼是與實物左右顛倒而不是上下顛倒？

這是一個文字遊戲。找一面鏡子站在前面，鏡子中你的頭對應你的頭，你的腳對應你的腳，你的左手對應你的左手，你的右手對應你的右手，兩隻手並沒有顛倒過來，憑什麼說鏡像是左右顛倒的？不對！左手分明對應的是鏡子裡的右手啊！這是因為你對左右的定義有偏差。現在請把兩隻手換一種命名方式。請你用自己的左手狠狠打自己一巴掌，並把這只手重新命名為「壞手」，一定很疼吧！再用你的右手揉一揉，這只手改名為「好手」。你看我沒有騙你，鏡子裡的「壞手」和「好手」與鏡子外也是對應的。雖然挨了一巴

掌，你一定還是很迷惑，為什麼鏡子裡的「好壞手」左右顛倒了呢？接下來請讓我道明真相：鏡子裡顛倒的既不是上下也不是左右，而是前後。

鏡子裡的你是和鏡外的你面對面的，兩者的前後是反著的。因此，如果你以這個前後顛倒的人為基準命名他的左右手，那麼你命名的左右就是錯誤的！這就是「左右」的文字遊戲。很抱歉讓你挨了一巴掌才告訴你真相，那麼假設現在你又被旁人扇了一巴掌，扇到原地轉圈，請注意看：你是順時針轉動的，而鏡子裡的你呢？恰好相反。別急，不是說鏡子裡的轉動都是反的，拿別的什麼東西轉一轉，讓轉軸垂直於鏡子。看，這次鏡子裡的旋轉與外面的相同。也許你又會說了，鏡子裡的旋轉分明是相反的。我再強調一次，順逆時針也是一個文字遊戲，別忘了在鏡子裡前後是反的，因此定義順逆的時候站的角度也不對，你還是要從你的視角來看。要更嚴密地用數學解釋這些問題，你可以查一下這幾個關鍵字：「極向量」、「軸向量」。

17 為什麼烤火爐時不用塗防曬霜呢？

首先我們要知道皮膚被曬黑的原因：當皮膚受到紫外線的刺激時，黑色素細胞中的酪氨酸酶被啟動，促進了黑色素

（可以對皮膚進行一定的保護）的生成，皮膚自然就變黑了。其中的關鍵因素是太陽光中的紫外線（UVA、UVB等），因此防曬霜是透過反射、散射或者吸收紫外線來達到不讓皮膚曬黑的目的的。但是日常生活中的火焰或是取暖器，幾乎沒有紫外波段的輻射，它主要是透過紅外線輻射的方式把熱能傳遞出去，使我們感受到溫暖的。所以烤火時大可不必塗防曬霜，但要注意適當的保濕，以防止烤火過度導致皮膚乾燥。

18 運動手環測心跳的運作原理是什麼？

目前運動手環多數是透過測量反射光來監測心跳的，具體過程如下：手環將一束光打在皮膚上，當心臟泵血時，血管中充滿血液。血液傾向於吸收綠光反射紅光，因此心臟在收縮和舒張時會產生顏色不同的反射光，手環正是透過檢測這些反射光來記錄心率的。

由此可知，想要有效使用運動手環監測心率需要正確佩戴才行，不能有漏光，還要保證佩戴處血流通暢。

19 為什麼兩個影子靠近時會相互吸引？怎麼確定是誰吸引誰呢？

　　影子相互「吸引」的現象，主要是由半影效應導致的。大家生活中常見的光源，往往都不是理想的點光源，如太陽、燭火、日光燈等，都是具有一定大小的。因此，地面附近物體的影子，通常可分為兩個區域：中心部分太陽光完全被遮擋，看起來最暗，稱為本影；邊緣附近，只擋到太陽光的一部分，形成模糊的明暗過渡區，稱為半影。

　　從地球上看，太陽視角略大於 0.5°，從而離地 1m 的物體半影寬度接近 1cm，肉眼明顯可見。當兩個物體相互靠近時，半影接近並重疊，重疊部分比普通半影更暗；越是靠近，其暗度越接近本影，從而看起來像是兩個影子相互「吸引」並連接在一起的。至於「誰吸引誰」，依前述分析看，這個「吸引」效果是兩者共同形成的，不存在誰主動誰被動的問題，要研究的話其實也可以，但是得先給吸引方向下個較為明確的定義。

　　此外，如果你用細長的日光燈做實驗，還會發現平行和垂直於日光燈的兩個方向上，影子吸引的程度也有所不同，這其實就是因為半影區域的大小與光源在相應方向上的尺寸有關。

　　值得一提的是，由於眼睛對亮度的感知具有一定的非線

性效應，我們會將中間半影重疊區的亮度進一步低估，從而增強這種「吸引」感。當然，這是另一個話題了。

20 地鐵裡檢測液體的儀器運用了什麼原理？

地鐵裡檢測液體的儀器原理主要可以分為三種。

1. 拉曼光譜法（Raman spectroscopy）。儀器發射單束雷射到液體中，測量液體散射的光，利用其產生的化學指紋確定液體的成分。這種方法適合於透明液體的檢測。

2. 螢光淬滅技術。利用了分子印跡螢光聚合物傳感技術，正常狀態下這些聚合物傳感材料在紫外線下發出螢光，但是如果有炸藥分子吸附到傳感材料上面，螢光會迅速淬滅被儀器檢測到，靈敏度很高。

3. GPR（Ground Penetrating Radar）透地雷達技術以及介電常數和電導率檢測。已知介質對微波的吸收與介質的介電常數成正比，我們可以利用此特性，透過判斷液體的介電常數判斷其類別。

此外，對於一些金屬容器還可以利用 X 射線方法等。

21 為什麼有些厚玻璃從側面看是墨綠色的呢？

　　玻璃之所以顯綠色，是因為內部摻入了亞鐵離子，不同價態的不同金屬元素的摻雜也會產生不同的顏色，這和元素的光譜特徵相關。

　　我們這裡主要解決的是，為什麼摻雜微量亞鐵離子的玻璃，從正面看遠不及從側面看，表現出的墨綠色更明顯。這就要介紹一下化學分析中常涉及的光吸收的基本定律：比爾—朗伯定律（Beer–Lambert law）。當一束平行單色光垂直透過某一均勻非散射的吸光物質時，其吸光度與吸光物質濃度及厚度成正比。我們現在假設玻璃中主要摻雜成分就是亞鐵離子，而玻璃本身是透明的，所以吸光物質主要就是微量雜質亞鐵離子，那麼很明顯，厚度越大，吸光度越大，也就越發綠了！

— Part4 —

電學篇

01 手指能滑動手機螢幕，有些東西卻不能。什麼樣的材質才能滑動手機螢幕呢？為什麼手機螢幕上有水滴時會發生觸控失靈的現象？

　　現在絕大多數智慧手機螢幕採用的都是電容式觸控式螢幕，當手指觸摸在金屬層上時，由於人體有電場，手指和觸控式螢幕表面會形成一個耦合電容。對於高頻電流來說，電容是直接導體，於是手指從接觸點吸走一個很小的電流，這個電流分別從觸控式螢幕的四角上的電極中流出，並且流經這四個電極的電流與手指到四角的距離成正比，控制器透過對這四個電流比例的精確計算，得出觸摸點的位置。因此，只要利用的材質能和手機螢幕形成電容就行，如蘋果皮、西瓜皮、香蕉皮等導體都能滑動手機螢幕。絕緣體如厚紙張、塑膠、橡膠等是不行的。

　　此外，當手上沾了太多水去觸控螢幕，由於螢幕上會產生太多感應位點，無法計算出準確的觸碰位置，因此會產生觸控漂移的現象，螢幕也就不靈敏了。

　　不過，隨著技術的進步，防水手機已經上市，目前能帶水操作的手機可以透過增強信號處理精度以及提高刷新頻率來分辨手指和水滴形成的導電面的細微差別。這樣，即使在水裡也可以觸控螢幕操作手機了。

02 手機是如何測剩餘電量的？

　　手機剩餘電量已經成為我們出門前必須要檢查的東西。那麼手機是如何知道電池剩餘了多少電量呢？其實在電池的內部有一個電量計，用於指示可充電電池中的剩餘電量以及在特定工作條件下電池還能持續供電的時間。測量剩餘電量主要有以下三種方法。

　　1. 電壓測試法：電池的電量是透過簡單地監控電池的電壓而得來的。這種方法相對來說比較簡單，但是電池的電量和電壓不是線性關係，所以這種測試方法並不精准。

　　2. 電池建模法：這個方法是根據電池的放電曲線來建立一個資料表，資料表中會標明不同電壓下的電量值，這一方法可以有效地提高測量的精度。但要獲得一個精准的資料表並不簡單，因為電壓和電量的關係還涉及電池的溫度、自放電、老化等因素。只有結合了眾多的因素來進行修正，才能夠得出較滿意的電量測量。

　　3. 庫侖計：庫侖計是在電池的正極和負極串入一個電流檢查電阻，當有電流流經電阻時就會產生 Vsense（可以理解成一種電壓），透過檢測 Vsense 就可以計算出流過電池的電流。因此可以精確地跟蹤電池的電量變化，精度可以達到1%。另外，Vsense 透過配合電池電壓和溫度進行檢測，就

可以極大地減少電池老化等因素對測量結果的影響。iPhone就是採用這一方法。

03 手機是怎樣計算行走步數的？

現在的智慧型手機普遍配備了加速度計、陀螺儀、指南針等感測器，這些感測器在手機發生移動的時候會收集數據傳給手機上的作業系統進行分析。手機裡邊的加速度計是一個不斷振動的微機械擺件，透過測量外界加速度對振動的影響來測量手機的加速度。作業系統拿到這些資料之後，會透過演算法對感測器的資料進行識別，如人在走路或者跑步的時候，加速度計會測到一定範圍內的週期信號，因為手機不是固定的，所以會有很多其他的移動造成的雜訊信號。透過濾波演算法去掉那些雜訊信號之後，再分析信號的振幅和頻率，手機會把一秒幾次的信號當作走路的信號來計算所走的步數。一般手機都是從幾個週期以後開始計數的，所以一般來說比實際的步數要少一些。

另外，手機加入磁感測器之後，手機的指南針功能也有大幅的提升，早期的智慧型手機地圖的指向幾乎是瞎指，磁感測器是透過測量地磁場來進行方向識別的。雖然地磁場比較微弱，但是基於現在強大的感測器技術，手機上的磁感測

器能夠輕易測出地磁場的方向來確定方向，這要歸功於霍爾效應（Hall effect）的發現。手機在不同的方向上分別測量磁場強度，即可找到地磁場的指向，從而辨別方向。

04 為什麼冬天的時候褲子上會帶電，電荷是從哪裡來的？

這不正是摩擦起電嗎？還記得剛開始學電學的時候，我們就學過「用絲綢摩擦過的玻璃棒帶的電荷是正電荷，用毛皮摩擦過的橡膠棒帶的電荷是負電荷」。

至於電荷的來歷，我們知道，物質都是由原子組成的，而原子內有帶負電的電子和帶正電的原子核。摩擦過程中發生電子轉移，使一物質電子增多（帶負電）而另一物質電子減少（帶正電）。當積累的電荷比較多，突破臨界電壓時，物質就會出現放電現象。

人類正是從摩擦起電開始來認識電現象的。褲子上帶電，多半也是在穿或者脫褲子的時候，才會看到比較劇烈的放電現象，因為這個時候的摩擦最劇烈。

比較有趣的是摩擦是不分季節的，但為什麼靜電現象在冬天會比較常見呢？主要有兩方面原因：一是冬天外套含有大量化纖成分，這些物品與毛製品摩擦更易起電；二是冬天空氣乾燥，而夏天空氣濕潤。濕潤的空氣會使衣服也相應濕

些。濕潤的空氣和衣服利於電荷轉移，電荷積累不到一定的數量，電壓不夠，是不會出現放電現象的。

05 打火機上的電打火器運用了什麼原理？

現在市面上的打火機主要採用具有壓電性質的材料來接受較大壓力產生大量電荷聚集，然後放電來點燃可燃氣體。當對壓電材料施以物理壓力時，材料體內的電偶極矩會因壓縮而變短，此時壓電材料為抵抗這個變化會在材料相對的表面上產生等量正負電荷，以保持原狀。這種由於形變而產生電極化的現象稱為「正壓電效應」。優良的壓電材料可以瞬間在兩端聚集大量的電荷從而產生高壓放電來點燃可燃氣體，實現從彈性位能到電能的轉換。

06 為什麼帶電物能吸引輕小物體？

生活中我們常會發現帶電物體能夠吸附輕小物體，這個過程利用了靜電吸附的原理。很顯然，如果輕小物體帶有與帶電物體相反的電荷，根據庫侖定律，我們知道它們之間具有一定的吸引作用。但如果輕小物體不帶電，它們之間的

吸引力又是如何產生的呢？由於輕小物體的組成分子可能是極性分子和非極性分子，現對兩種情況分別進行分析。對於極性分子，分子正負電荷中心不重合，在帶電物體的電場作用下，同性相斥、異性相吸，極性分子呈現一定的取向，與帶電物體電荷相反的一端遠離帶電物體，吸引力大於排斥力，表現為吸引作用。對於非極性分子，同性電荷受到電場的排斥作用，異性電荷受到電場的吸引作用，其正負電荷中心在電場的作用下分離，誘導出極性，根據和極性分子一樣的分析，我們可以得到總的吸引相互作用。

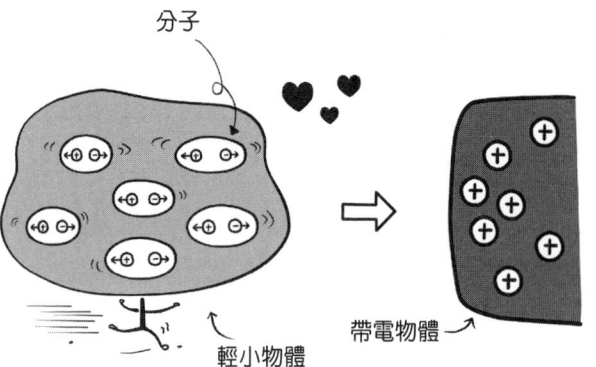

07　高考的考場內是如何做到信號遮罩的呢？

我們首先來看如何對手機信號進行遮罩。一般來說，手

機信號頻段是相對固定的，而且都與附近的基地台進行通信，那麼要遮罩手機信號，只要做到在手機的頻段內發射比手機信號強得多的雜訊信號，使手機無法與附近的基地台進行通信（類比到聲音上，就是相當於放一個特別吵的噪音源，兩個人互相之間就聽不清對方在說什麼了），就可以遮罩手機信號。實際上這也是戰場上常用的電磁干擾的方式，在特定頻段的干擾會導致依賴這一頻段的無線通訊電子設備失去戰鬥力。著名科幻小說作家劉慈欣曾經寫過一部《全頻帶阻塞干擾》，裡面就有類似的情形，如果大家感興趣可以看一看。

除了手機，還有一些電子設備使用的頻段比較特殊，針對這一情況，一般考場還會有來回巡視的信號檢測器，可以檢測到很寬頻帶上的信號，一旦檢測到就會嚴加調查。

08 冬天時手機為什麼更費電？

首先，我們來解析一下題目：冬天時手機真的會更費電嗎？其實不然。我們所能說的只是充滿電的手機在冬天可以使用的時間更短。出現這種情況並不一定是因為手機消耗了更多的電能，也有可能是因為電池無法提供足夠多的電能。

事實是，冬天手機的運行並不比夏天費電，甚至更省

電。冬天手機不耐用的原因是電池性能的下降。現在手機普遍使用鋰電池，它透過化學反應產生電能。電池標稱的容量一般是在 25℃的環境下測得的。在低溫情況下，電池內化學原料的反應變得不徹底，在極低溫情況下，電池內甚至會結晶。所以儘管充電的時候儲存了足夠多的電能，但是在使用的時候並不能徹底地釋放出來，這也就造成冬天時手機更費電的錯覺。另外，有些手機出於保護機器的目的會設置為在低溫下自動關機。

09 打開小風扇，把扇葉捏住讓它不要轉，那麼它還會繼續消耗電嗎？

小時候我喜歡玩四驅車，每次我讓車跑之前都會先打開開關，然後把車按在地上讓它不動，接著鬆手讓它跑。結果是我的四驅車往往沒玩幾天就跑不起來了，換電池也沒有用，拿去商店找老闆修理，老闆說它的馬達燒了……

風扇葉的馬達、四驅車的馬達都是電動機，電動機是把電能轉換成機械能的一種設備。電動機的原理是通電線圈產生旋轉磁場並作用於轉子，形成磁電動力旋轉扭矩。從能量的角度來考慮，接在電動機上的電源提供的電能大多數都被轉換成了機械能，而當電動機被卡住無法轉動時，這些電能就無法轉換成機械能，而全部轉換成了熱能，因此電動機溫

度就會過高。所以捏住扇葉不讓風扇轉不僅不會節省電能，還會讓電動機被燒壞。

從電磁學的角度來分析，線圈在轉動時會產生一個感應電動勢，其方向與電源的電壓方向相反，因此施加在導體線圈上的電壓較小，產生的熱能就少。當線圈停止轉動後，施加的電壓就是電源電壓，因此透過線圈的電流會大幅增多，產生更多的熱量，進而燒壞電動機。

電動機都會有散熱設計，在正常工作時很難被燒壞，一旦發現卡住不轉了就要立刻切斷電源。

10 油罐車後面那條鐵鍊有什麼用？

在路上，我們會看到一輛油罐車後面拖著一條「尾巴」，有時是鐵鍊，有時是看似橡膠的鏈子，它們的共同特點是都導電。加這條鏈子就是為了防止靜電帶來的危害。

我們知道在我們周圍的環境中經常會產生靜電，像油罐車這樣各種部件以及與地面、空氣之間經常摩擦的系統，靜電的產生幾乎不可避免。而靜電積累到一定的程度就會形成電火花，電火花很可能會將油料點燃導致事故。而「尾巴」的存在可以將靜電及時導走以避免危險的發生。

導出電荷

11 為什麼遠端輸電要用交流電呢？

根據焦耳定律，當電流 I 透過電阻值為 R 的電阻時會產生熱量，產生的熱量為 $Q=I^2Rt$。即電流透過導體產生的熱量跟電流的二次方成正比，跟導體的電阻值成正比，跟通電的時間成正比。

電線存在電阻，因此輸電的時候就會發熱損耗一部分能量，電線越長損耗的能量就越多。從公式來看，降低 R 或者降低 I 都可以減小 Q。對於降低 R 來說就是選擇合適的電線材質。

發電廠發出的電功率（P）是一定的，它取決於發電機組的發電能力，根據 $P=VI$，若提高輸電線路中的電壓 V，那麼線路中電流 I 一定會減小，因此能量損耗就小。早期製

造高壓直流電比較困難,而交流電在技術上要容易很多,因此就一直在發展高壓交流輸電。事實上,高壓直流輸電具有很多的優點,具有很好的發展前景。

12 交流電、直流電可以互相轉化嗎?如果可以,怎樣轉化?

先講交流電轉化為直流電,就是我們常說的整流器。整流器,其組成單元就是二極體(如穩壓的 PN 結)和導線(這裡我們不提及晶閘管整流器)。二極體有一個特性就是,沿著一個方向元件電阻很小,沿另一個方向電阻極大。整流器的基本原理就是利用二極體(正向電壓導通,反向電壓截止的原理)得到直流。整流電路分為半波整流、全波整流以及倍壓整流等。這裡就不一一贅述了,有興趣的讀者可以搜索相關資料。整流器在我們日常的家用電器中隨處可見。

反之,將直流電轉化為交流電的裝置稱為逆變器。既然電源是直流電,那麼一個很簡單的想法就是讓電流有頻率地正反向輸出就能得到交流電啦,這也是逆變器的原理。生活中逆變器的應用有變頻空調、電動汽車等。

13 食鹽水導電到底是物理變化還是化學變化呢？

　　食鹽水導電是化學變化。生活中常見的導體有兩類，一類是電子導體，另一類是離子導體。電子導體是依靠電子移動來實現導電的，載流子包括電子和電洞，如金屬、半導體等。離子導體是依靠離子遷移來實現導電的，包括電解質溶液（食鹽水）、熔融電解質、固體電解質等。

　　把電源外電路的導線（包括電極）和食鹽水作為研究物件，可以發現，它們同時包含了電子導電和離子導電過程，化學反應就發生在兩者互相轉化的介面上。電子傳導至陰極時，無法單獨進入水中傳導，而是會和在電場作用下遷移到陰極附近的氫離子結合，氫離子得到電子，變成氫氣，發生的是還原反應，由電子導電變成離子導電。陽極同理，在電場作用下氯離子遷移到陽極，氯離子失去電子，發生氧化反應，生成氯氣，而失去的電子進入陽極參與導電，由離子導電變為電子導電。

　　總之，離子導體和電子導體串聯後，兩類導體介面就必然有得電子和失電子的反應發生，即一定會發生電化學反應。這也帶出了電化學的定義：研究電子導體和離子導體形成的帶電介面現象及其上所發生的變化的科學。

14 金屬探測儀的原理是什麼？

　　金屬探測儀利用了電磁感應的原理。當通有交流電的線圈靠近金屬物體時，線圈產生的變化磁場會使金屬產生渦流，渦流又會產生磁場，反過來影響線圈的磁場，進而引發探測器發出蜂鳴聲報警。

　　考場中使用的掌上型金屬探測儀只有一個線圈。一些用於其他場景的金屬探測儀有兩個線圈，分別是發射線圈和接收線圈。顧名思義，發射線圈的作用是產生變化的磁場，接收線圈則遮罩了發射線圈的磁場而只接收金屬中渦流產生的磁場。

　　從金屬探測儀的原理中可以發現，只有導電性強的物質（如金屬）才能被探測出來，並且金屬探測儀無法分辨出金屬類型及其形狀大小，因此火車站和機場還會讓大家的行李過安檢傳送帶，這應用的是射線檢測。

— Part5 —
熱學篇

01 為什麼保溫杯裝熱水後會變得很難打開？熱脹冷縮，不應該更容易打開嗎？

　　阻礙你擰開保溫杯的是杯子和杯蓋螺紋之間的摩擦力，這個摩擦力和螺紋表面的狀態以及杯蓋上的壓力有關。把熱水灌入保溫杯之後，杯子確實發生了熱膨脹，不過此時杯子內的壓力近似於大氣壓。蓋上蓋子後，蓋子就截斷了杯子內的氣體和大氣的連通。慢慢地，杯子裡的水溫開始降低（無論多好的保溫杯都不可能保持杯內水溫一直不變），這時杯子裡的氣壓就會慢慢變小，也就是小於大氣壓。所以蓋子就會受到向下的淨壓力，這個額外的壓力會增加杯子和杯蓋螺紋之間的摩擦力，再加上淨壓力本身就會阻礙擰開杯子，所以保溫杯就變得難以打開。

02 為什麼保溫杯裝進燒開的水，蓋上蓋子後搖晃一下，會有大量熱氣噴出來甚至頂開蓋子？

　　開水倒入保溫杯後，雖然杯中的空氣會變熱，但是還沒有完全達到開水的溫度。當你把蓋子蓋上搖晃之後，開水和杯中空氣充分接觸會把氣體進一步加熱，加熱的空氣體積膨脹。當你再一次打開杯子時就會有熱氣噴出甚至頂開蓋子。其實就算是不搖晃，只要放置一會兒依然會出現噴出氣體的

現象。如果你放置時間特別長，長到水都冷了，氣體體積也會收縮，這時打開蓋子會吸入氣體。

03 為什麼暖氣上方的白牆會被熏黑？

　　大家都見過，暖氣片用久了以後會在牆面上形成一道道痕跡，這是為什麼呢？因為暖氣工作時會在周圍產生熱空氣，熱空氣比冷空氣輕，所以就會向上飄，熱空氣上升就會產生低壓區，這需要附近的冷空氣來填充。這個過程的整體效果是在室內產生了氣流。氣流會帶動室內的灰塵，當灰塵和牆壁碰撞時就有可能吸附在牆壁上形成一道道痕跡。

04 車窗玻璃邊緣為什麼會有黑色的小圓點，有什麼作用？

　　很多車窗邊緣都有一些小黑點，而且越往裡越小，直到消失。這些小黑圓點的作用是在夏季和冬季保護車窗玻璃不因溫度變化而受損。因為車窗玻璃是用膠固定在汽車的金屬框架上的，炎熱的夏天車窗玻璃被暴曬後，車窗玻璃與金屬邊框接觸的邊緣部位也會隨之升溫和膨脹。但是，車窗玻璃中間的位置是透明的，有透光性，吸收的熱量比周圍邊緣要

少很多，所以中間部分的溫度就比四周低，這就很容易讓玻璃四周和中間部位的膨脹程度不同，給玻璃帶來炸裂的隱患。夏天如此，反之冬天亦然。車窗邊緣的小黑點就是用來解決這個問題的。

　　小黑點從邊緣位置向中間逐漸變小，形成一個吸熱能力的過渡，從而使熱膨脹在一定距離上緩慢變化，保護車窗玻璃不會破裂。

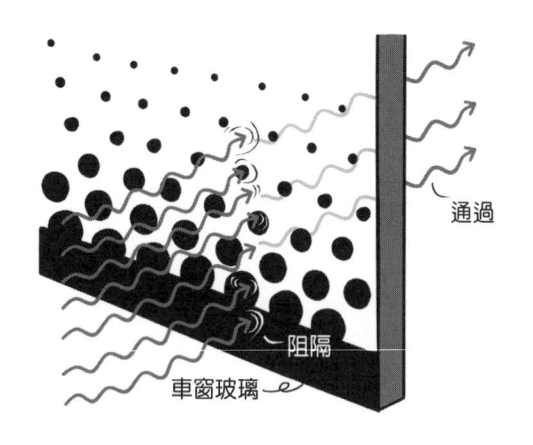

通過

阻隔

車窗玻璃

05　空調是怎麼吹出冷氣的？

　　首先介紹兩個生活中常見的現象：液體在汽化變成氣體時體積會膨脹並吸收熱量，如水蒸發；加壓可以促使氣體液

化並釋放熱量，如液化氣在鋼瓶中透過高壓液化。空調正是基於這兩個現象的原理進行製冷的。空調的核心部件是壓縮機，壓縮機將內部的液體（比如氟利昂）運送到和室內空氣接觸的部位，液體吸熱蒸發帶走室內的熱量。接下來，壓縮機將蒸汽運送到室外的熱交換機處並對其加壓使它液化並釋放熱量，外機風扇會加速這些熱量擴散到室外空氣中，這也是空調外機吹出熱風的原因。當壓縮機完成液化和放熱後，液體重新被送去吸收室內的熱量，如此往復就能實現將室內熱量搬運到室外的功能。

有讀者可能會問：「熱量不是不能從低溫物體傳導給高溫物體嗎？」事實上，熱力學定律要求的是熱量不能自發地從低溫物體傳遞給高溫物體，而在空調的例子中，壓縮機需要一直對傳熱介質做功，所以整個過程並不是自發的，當然也不違背熱力學定律。

06 為什麼空調要分製冷和製熱呢？如果冬天開製冷二十幾度不也會暖和嗎？

空調裡邊有壓縮機與冷媒，壓縮機可以將冷媒壓縮成液體，這一過程是放熱的，而冷媒汽化是吸熱的，冷媒不斷迴圈，從而使空調持續工作。製冷的時候是從室內吸熱，把熱量排放到室外，而製熱的時候則是從室外吸熱，將熱量排放

到室內，因此空調吹出的風總和排出去的風冷熱相反。

　　空調的製冷和製熱是兩個方向相反的迴圈，也就是說只要是製冷，就一定是從室內吸熱而將熱量排放到室外，因此製冷的溫度設定再高也不會吹暖風，事實上如果設定的製冷溫度比環境溫度高時壓縮機就停止工作了，即空調變成了風扇。

07 夏天車子曝曬後，如何快速降溫？

　　鐵的比熱比較小，約為 460J/（kg・℃）[2]，水的比熱約為 4200J/（kg・℃），即相同質量的鐵和水在吸收同樣多的熱量時，若水的溫度會升高 1℃，鐵的溫度則會升高 9℃。因此，在太陽下暴曬時車皮的溫度很快就升高了，尤其是黑色的車。車殼的導熱性很好，會把熱量傳遞給車內的空氣，因此車內的溫度就比較高。我們覺得車內溫度高，其實並不是因為車皮的溫度高，而是車內的空氣溫度高。熱傳遞的速率遠沒有空氣流通的速率高，因此有效降低車內溫度的方法並不是降低車內空氣的溫度，而是將車內的高溫空氣排出去，讓外界相對低溫的空氣進來即可。

2　編註：焦耳/（公斤・攝氏度）

我們可以這樣做：先打開車門讓車內透氣，如果著急的話就打開三個車窗，或開處於對角線的車窗，然後開動汽車，則車內的溫度很快就下降了，此時再關閉窗戶打開空調即可。

08 喝粥時從邊緣喝起，不會太燙，但是中心溫度很高，這是什麼原因呢？和水表面張力有關係嗎？

這個問題涉及傳熱過程。傳熱主要有三種方式：對流、接觸和熱輻射。我們喝的粥，它的流動性比較差，所以我們可以忽略粥裡的對流傳熱。另外，粥的表面會形成一層膜，我們也忽略掉蒸發的影響，熱輻射就更不在考慮之中，剩下的就是接觸傳熱。很明顯，粥最終是向空氣傳熱的（無論是否透過碗），邊緣的粥直接和碗壁接觸並直接向外界傳熱，

效率比較高（溫差大）。內部的粥只能直接向更外部的粥傳熱，這樣的傳熱效率要低很多，因為溫差很小。這麼看，邊緣的粥更容易變涼。如果我們對杯子裡的熱水進行分析，就會發現邊緣的熱水涼得快，但是並沒有粥表現得那麼明顯。因為水的流動性比較好，對流傳熱讓整杯水保持溫度近似相同。

09 夏天的時候可以打開冰箱來幫房間降溫嗎？

冰箱的製冷是透過冷媒來完成的，壓縮機先將冷媒壓縮，隨後冷媒膨脹吸熱，降低冰箱內的溫度，然後再被壓縮，以此迴圈。冷媒相當於把冰箱內的熱量搬到了冰箱外面，而冰箱和空調不一樣，冰箱全部處於室內，因此排到冰箱外的熱量自然就釋放到房間裡了。壓縮機工作也會產生熱量，因此實際上冰箱排出來的熱量要比吸收的多。所以打開冰箱門並不能幫房間降溫，反而會令房間升溫。

10 自熱火鍋是怎麼產生熱量的？

自熱火鍋產生的能量本質上是化學反應產生的熱量。暖

暖包中的物質主要是鐵粉，打開密封包裝以後，空氣中的氧氣與鐵發生氧化還原反應，也就是鐵生鏽，慢慢放熱。而吃火鍋要來快的，就要用石灰粉（生石灰，CaO），加水之後生成熟石灰〔Ca（OH）$_2$〕，這個放熱更劇烈，可以快速加熱食物。

11 為什麼泳池裡的水總是有的地方二十五、六度，有的地方十七、八度？說好的熱平衡呢？說好的無序運動呢？

平衡不是平均，只是一種穩定。如果泳池有加熱源，靠近加熱源的地方更熱一些，熱量不斷從熱源到高溫水域再到低溫水域再散失到空氣中，所以溫度永遠是熱源＞高溫水域＞低溫水域＞空氣，這樣才能平衡。

12 水的沸點就是水的最高溫度嗎？

一般情況下，液態水最高的溫度是沸點，因為水在沸點會發生相變變為氣態，溫度高於沸點時只能以氣態存在。水的沸點並不是一成不變的，我們常說的水在 100℃沸騰實際上是在標準的大氣壓的情況下。沸點是液體的飽和蒸氣壓與

外界壓力相等時的溫度,因此在海拔高的地方氣壓低,水不到 100℃就沸騰了,而壓力鍋裡的水則可以達到 100℃以上。不斷地加溫加壓,水會越過臨界點變為超臨界流體。此時水的狀態既不同於氣態,也不同於液態,它的密度比氣體要大兩個數量級,與液體相近,但黏度卻比液體小,很容易擴散。

另外,水的沸騰需要一個條件,即需要水中有微小氣泡、或容器壁表面有微小氣泡、或是容器表面極其微小的裂紋中有空氣,否則極易形成過熱水。過熱水就是在本該沸騰的溫度卻沒有沸騰的水,此時水的溫度可以高於沸點。不過,過熱水對水的純度要求極高,一般不容易形成。

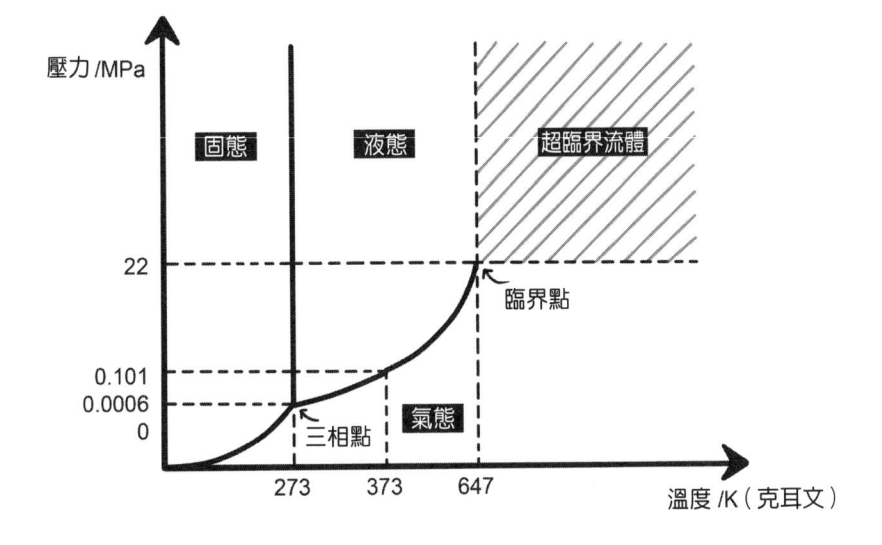

13 摩擦是如何產生熱量的？

　　摩擦，如雙手摩擦，是一種做功的方式。W（功）$=F$（力）$\times s$（距離／位移），在力的方向下產生位移，完成做功。由熱力學第一定律可知：能量既不會憑空產生也不會憑空消失，它只會從一個物體轉移到另一個物體，或者從一種形式轉化為另一種形式，而在轉化或轉移的過程中，能量總量保持不變，即能量守恆定律。放在這個具體例子中就是摩擦做的功轉化為熱量從系統中耗散出去，就是所說的摩擦產生熱量。

14 我們說溫度是分子運動產生的，如果把一個瓶子裡的空氣抽乾，那麼裡面的溫度是怎麼樣的？

　　事實上，「溫度是分子運動產生的」這個說法是不準確的。溫度是一個統計意義上的物理量，表徵一個系統的能量大小。它不只適用於原子分子系統，也適用於光子系統，也就是說一個由各種頻率的電磁波組成的統計系統，也可以定義溫度。因此，即使一個瓶子裡的空氣被完全抽乾了，其內部也會有各種頻率的電磁波。瓶子內壁透過輻射和吸收這些電磁波，與內部電磁波系統相互交換能量，最後達到熱平衡

狀態，溫度與瓶子內壁溫度一致。

15 乾冰扔到水裡以後出現的大量白霧是怎麼形成的？

乾冰實際上就是固態的二氧化碳，由於乾冰昇華時需要吸收大量的熱，大量熱量的散失會造成局部的氣溫迅速下降，使得周圍空氣中的水汽凝結成小水滴。因此，我們看到的霧實際是空氣中的水蒸氣凝結成的小水滴，而非水中的。這個過程和夏天我們吃雪糕時看到的白煙是一樣的。

16 為什麼細菌不能透過低溫殺死，卻能透過高溫殺死？

我們知道，生物是一個動態的熱力學系統，它在進行著各式各樣複雜的生化反應，而這些反應離不開各式各樣的蛋白質參與。蛋白質的結構與功能是生物體正常發揮其機能的重要保障。從熱力學角度來看，溫度越高，分子的無規則熱運動就越強，能量越高；溫度越低，則能量越低。從穩定的角度來看，分子處於低能階時要比高能階時穩定。因此，當溫度升高的時候，蛋白質的結構就會變得不穩定，進而失活，而低溫並不會讓蛋白質失活，事實上蛋白質的保存就是

要放在低溫狀態下，如保存在－80℃的冰箱，或者保存在液氮中。

另外，當環境變得不適宜生存時，有些細菌可以形成芽孢，芽孢是細菌的休眠體，當條件變得適宜之後，這些細菌會再次復甦。所以通常來說低溫並不能殺死細菌，但在特殊的情況下低溫也是可以「殺死」細菌的：如果細菌內的水分很多，在快速冷凍的時候那些水還來不及排出，則結冰形成的冰晶可能會對細菌的細胞結構有一定的破壞作用，從而殺死細菌。

17 為什麼氣溫回升，地上的雪都融化了，堆起來的雪人卻沒化？

雪會融化是因為它透過各種管道吸收到了熱量，熱量的傳遞對於不同介質來說效率是不同的。雪的比熱是很高的，是水的一半，而水是比熱最高的物質之一。因此，想讓雪的溫度升高到熔點還是需要很長時間的，所以雪本身就不是特別容易融化的。

地上的雪會和地面之間進行熱傳遞，通常地面的溫度要比雪高，再加上雪比較薄，因此當氣溫回升或者太陽長時間照射後雪就會融化掉。而對於堆積起來又高又厚的雪人來說，它的密度比天然的積雪要大，因此外部的雪開始融化時

內部仍能在很長時間內保持低溫。事實上雪被擠壓之後的絕熱效果還是很不錯的，因此才會有雪屋的存在。

另外，雪人在融化時是不均勻的，並不是由外而內一點點化掉的。當融化掉一部分之後，間隙被導熱性很差的空氣填充之後就會較長時間地維持這一狀態。比如有些雪或者冰實際上並不是和地面直接接觸的，它們之間存在一層薄薄的空氣，這是因為雪與地面直接接觸的時候熱傳遞快，容易融化，而融化掉一部分後空氣進去了，空氣的導熱性差，因此融化得慢。所以即便雪人從外表上看似乎沒有融化，但其內部其實已經不飽滿了，有很多微小的空洞。

18 為什麼在夏天水泥地比草地熱？

這可以從熱量的吸收和釋放兩個方面來考慮。綠色植物葉子中的色素主要是葉綠素和類胡蘿蔔素，吸收藍紫光和紅光，而綠光則被反射了。因此，相比於水泥地，草地吸收的太陽光要更少，相應獲得的熱量也少了。

另外，水泥地的比熱比較小，如 C30 混凝土在 25℃下的比熱是 970J/（kg・℃）〔水的比熱大約是 4200J/（kg・℃）〕。在陽光的照射下，水泥地升溫快，溫度也高。而草有蒸散作用，水分的蒸散可帶走大量的熱，再加上

草地下的泥土比較濕潤，比熱比混凝土大，這樣使得在同樣的陽光照耀下，水泥地的溫度比草地高，我們自然就感覺水泥地比草地熱了。

19 過冷水為什麼不會凝結？

水結冰，需要兩個過程，一是冰核形成，二是冰晶生長。當然，這兩個過程都需發生在溫度低於熔點的時候。當水的溫度低於熔點時，水並不會立即結冰，它還需要冰核。污染物和顆粒可以作為冰核，所以不太乾淨的水總是更容易結冰。在非常潔淨的水中，便需要水分子自身形成冰核。由於水獨特的熱力學性質，在沒有漲落的情況下（靜置），沒有水分子願意率先「組隊」當這個「出頭鳥」，沒有冰核，冰晶就不會生長，也就不會結冰了，因此，雖然溫度很低，但不結冰，水處於過冷狀態。

20 壓力鍋煮飯為什麼快？

煮飯的本質是將食物跟熱源進行熱交換作用。在煮飯時，將水和食物混合加熱，透過水導熱到食物當中，將食物

做「熟」。液體沸騰時其沸點是液體飽和蒸氣壓等於外界壓力時的溫度。在標準大氣壓下水的沸點是 100℃，但是在壓力鍋中，由於人為製造了一個密閉的空間，使得鍋內壓力高於正常大氣壓，從而水的沸點可以超過 100℃，因此，在水將食物加熱到更高的溫度時，煮飯的速度也就更快了。

21 沸石是如何防止突沸的？

像水結冰一樣，水在沸騰的時候也需要核心：汽化核。

一般來說，水中的雜質和小氣泡起著汽化核的作用。當溫度高於沸點時，水會圍繞汽化核進行汽化並形成氣泡，這就是沸騰。當水中缺少汽化核時，即便水溫超過沸點幾十度，水也不會沸騰，這就是過熱水。如果這時候突然引入了汽化核，由於現在溫度已經超過了沸點，水會圍繞汽化核劇烈沸騰造成水滴四濺並伴有爆裂聲，這是非常危險的。

所以，不論是在實驗中還是工業中都會採取措施來防止液體突沸。加入沸石就是其中一種辦法：沸石具有大量的孔狀結構，這裡面可以儲存很多空氣，在水中可以釋放出大量的小氣泡來充當沸騰的汽化核。所以，這樣就可以保證當水溫達到沸點時水就可以及時沸騰，避免產生過熱水，也就不會產生突沸了。

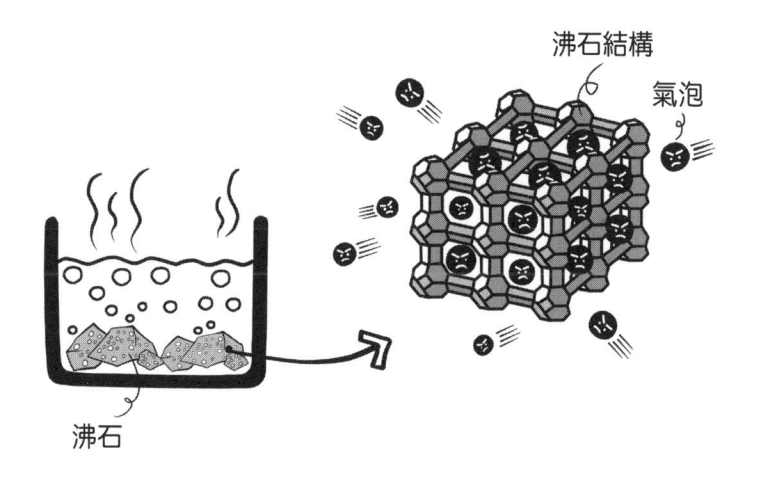

沸石結構

氣泡

沸石

22 為什麼夏天樓道裡比外面涼快許多？

　　太陽光的成分除了可見光外還有紅外線、紫外線，它們都可以傳遞能量，夏天的太陽光強烈，被太陽照會比平時覺得更熱，同時，暴露在陽光下的地面會吸收部分太陽光，地表溫度可達 60℃以上，空氣也會被加熱，這便是太陽直射下覺得熱的原因。

　　樓道裡由於有牆的遮攔，陽光要弱許多，因此樓道裡的空氣、地面吸收的太陽光就少，故而溫度比外邊要低，乾燥的空氣導熱性很差，所以陰涼處的空氣能長時間維持相對低的溫度，加上人也沒有被太陽光照射，因此就覺得涼快。如

果空氣的濕度大的話，那麼導熱性就會上升，水的比熱很大，所以濕潤的空氣溫度上去了不容易降下去。另外，如果空氣濕度大的話，人身上的汗就不容易蒸發掉，汗的蒸發是人體散熱的重要途徑，故而在中國南方潮濕的城市陰涼的體驗感會下降。

祥
春
興

Part6

雜學篇

01 為什麼洗潔精要把水和油融合在一起才能洗掉油漬？

油漬粘在衣物上後，會滲入織物纖維裡，一般方法很難將油漬和纖維分離開。我們常用的辦法就是用洗潔精清洗被污染的衣物。不過油漬不僅可以用洗潔精加水清洗，也可以使用不含水的化學溶劑清洗，這就是乾洗。但是歸根到底，兩種清洗方式的原理是相似的：乾洗是用無水溶劑溶解污漬，並將污漬帶走；水洗，雖然油漬不會直接溶於水，但是在洗潔精的幫助下，油漬就會進入水裡，而水會將油漬帶離衣物表面，這就達到了清潔的作用。

可以看出，兩種辦法都是透過令污漬脫離衣物然後用溶劑（化學溶劑或者水）把污漬運到衣物之外來清理污漬的。可以想像，如果沒有水的幫助，即便使用了洗潔精，油漬也會依然留在衣服上無法清理掉。

02 橡皮擦鉛筆字是怎樣一個過程？

要理解這個問題，我們需先瞭解橡皮擦和鉛筆芯的主要成分是什麼。

古希臘羅馬時期人們使用鉛棒寫字，14 世紀開始出現

類似現在的鉛筆，目前市面上賣的鉛筆的芯主要是石墨和黏土按一定比例混合製成的，分別用 H 和 B 來描述鉛筆芯的硬度和石墨的含量，其中 H 前面的數字越大代表混合用的黏土越多，鉛筆芯也就越硬。同理，B 前面的數字越大寫出來的字跡就越黑，同時鉛筆芯也就越軟。在石墨裡邊，碳原子呈層狀排列，層與層之間非常容易滑移。鉛筆芯裡面的石墨顆粒在你寫字的時候就粘在紙纖維上了。而橡皮擦的主要成分是橡膠，能夠吸附粘在紙上的石墨。

但是天然的橡膠不容易掉屑，粘在上面的石墨把橡膠變黑再去擦字反而會越擦越髒。後來人們在橡膠裡邊加入硫等物質，這樣在擦字的過程中，橡皮擦吸附石墨的部分就會團在一起變成碎屑掉下來，這就是現在的橡皮擦啦。裹著石墨的橡皮屑就將筆跡從紙張上帶下來了。

03 一直很想知道，為什麼只閉上左眼時感覺看到的景象向左移動了，而只閉上右眼時就感覺景象向右移動了呢？

我們生活的世界在空間上是三維的，所以當你看著前方的物體時，你不僅能看到它上下左右的位置，還能大概目測出它離你有多遠。對距離的目測是動物進化途中一直擁有的技能，如果不能估計離前方的獵物、危險物有多遠，我們的

祖先早就滅絕了。

那麼我們是怎麼目測距離的呢？答案就是人有兩隻眼睛，這兩隻眼睛是從不同的角度去看物體的，所以成的像不一樣。我們的大腦可以比較出這兩幅圖像的差異，對圖像進行融合並讓我們能夠感知距離。所以我們兩隻眼睛看物體是交叉的，也就是左眼看到的偏右，而右眼看到的偏左。因此閉上右眼只用左眼觀察時物體會偏右。

我們要愛護眼睛，一旦有一隻眼睛不小心失明的話，就不能準確判斷距離了。你可以試試閉著一隻眼然後用手去觸碰前方的小物體，你會發現你對距離把握得並不是很準了。如果對眼前的場景不熟悉，你對距離的估計偏差會更大！

04 蒸熟的包子表面那層美味的皮是如何產生的？

日常生活中，吃包子和饅頭的時候總會發現包子和饅頭的表面有一層很美味的皮，吃起來有嚼勁，特別香！那麼這層皮是如何產生的呢？

我們首先來想一下饅頭和包子發酵的過程，在包子和饅頭剛剛揉製好時，酵母菌在有氧氣的條件下迅速生長，快速繁殖，產生大量二氧化碳和水，當消耗了大部分氧氣後，進行無氧發酵，產生二氧化碳和酒精。二氧化碳分佈於饅頭和

包子的內部，使得饅頭和包子的體積膨脹，在蒸的時候進一步膨脹，形成內部疏鬆多孔的網路狀結構。本來表面發生的過程也應該與內部一樣，但是由於蒸的過程中表面在最外邊，而且這個熱的傳導又是從外向裡，所以表面一層會迅速失去水分變乾，導致裡邊的氣泡無法釋放出來。但當二氧化碳氣泡逐漸增大時，有時會撐破該氣泡，釋放出二氧化碳，並且由於表面沒有麵團的補充，撐破的麵團在表面張力的作用下鋪平，形成均勻的面層——表皮。

05 為什麼心臟可以不休息地一直跳動？

雖然我們覺得心臟在一直跳動沒有停歇，但其實心臟在

每一個收縮週期中並不是一直處於工作狀態的，而是既工作也休息。心臟每搏動一次的過程：先是兩個心房收縮，此時兩個心室舒張；接著兩個心房舒張，隨後兩個心室收縮；然後全心舒張。

　　心臟一直以這種節奏在跳動著。如果心率是 75 次/分，則心臟每跳動一次所需的時間為 0.8 秒（60 秒/75＝0.8 秒）。但心臟每搏動一次，心房、心室的舒張比收縮時間還要長一些，這樣心肌就有充足的時間休息，並使血液充分流回心臟。這就是心臟可以一直跳動還不覺得累的秘密。

06 為什麼食用油不能燃燒？

　　食用油可以燃燒。食用油不是不能燃燒，而是食用油本身著火所需溫度相對於汽油要高很多，一般家庭中的烹飪過程中食用油燃燒的情況比較少，所以食用油看起來就是不可燃燒的。但在一些食堂的後廚食用油燃燒的情況就比較常見了。

　　只要能夠達到食用油著火所需溫度並且氧氣充足，食用油就可以燒起來。在這裡要提醒大家的是，油鍋著火千萬不要用水澆滅，正確的做法是蓋上鍋蓋把火悶滅，或者加入大量青菜把火壓滅。

如果用水滅火，由於水比油重而且燃燒的油溫遠遠高於水的沸點，水會在油鍋中劇烈沸騰，產生無數小油滴，小油滴和空氣接觸又充分劇烈燃燒，不但不會被滅掉，還會更大，極易發生危險。

07 為什麼用鋼筆在被水浸濕的紙上寫字，寫出的字會暈開？

紙的成分主要是植物纖維，相當於一個錯綜複雜的網狀結構，因此鋼筆墨水寫在紙上會比較容易被吸附，而不至於擴散開來。但是鋼筆墨水在水中很容易擴散，比如在一杯清水裡滴一滴鋼筆墨水，鋼筆墨水很快就會擴散開來，整杯水都被染上了色。浸濕了的紙吸收了很多的水，水分子會填充到植物纖維之間，此時再用鋼筆寫字，則鋼筆墨水會溶解在水中，進而發生擴散，因此字就會暈開。

08 為什麼氣球碰到檸檬酸會爆？

橘子、檸檬、柳丁、柚子等都屬於柑橘類水果，其表皮富含檸檬酸、酯類等有機物，而氣球是由高分子聚合材料構成的，檸檬酸等有機物如果接觸乳膠等高分子材料，就會發

生溶脹作用，氣球的表層局部變得特別薄，因此容易被引爆。所以，在玩氣球時不要吃柑橘類水果，以免發生不必要的危險。生活中還有一些常見的相似例子，如在加油時，都不會使用塑膠桶，因為塑膠的主要成分也是高分子聚合物，容易與汽油發生溶脹作用。

09 酒精是如何殺死細菌的？

　　酒精殺菌，其實是酒精破壞細菌的蛋白質結構（蛋白質變性），這些蛋白質可能用作結構蛋白（組成細菌細胞），也可能用作反應酶（進行細胞內的化學反應）等，被破壞蛋白質後的細菌無法進行正常的生理活動，就被殺死了。所以從這方面來看，酒精是可以殺死細菌的。

　　但是，醫用酒精濃度一般在 70%左右，為什麼不選用更高的濃度呢？酒精破壞蛋白質結構後，蛋白質會凝固，如果高濃度酒精與細菌作用，會迅速在細菌外殼凝固蛋白質，阻止酒精的進一步滲入，殺菌效果會大打折扣。

　　酒精可以殺死細菌，對人體細胞有沒有傷害？在消毒的時候，傷口周圍的細胞是受到無差別打擊的。但是，人體是一個有機的整體，不斷進行血液迴圈，會稀釋滲入的酒精並再生細胞，所以就最後的結果來看並無產生大的影響。

10 燒開的水為什麼會有很多白粉末？

那是因為這些白粉末是以 $CaCO_3$（碳酸鈣）、$MgCO_3$（碳酸鎂）、$Mg(OH)_2$（氫氧化鎂）等為主要成分的水垢。

一般來說，自然界中的河水、井水等直接燒開會出現這種情況。這是因為雨水有一定的弱酸性，降落之後與岩石等反應得到含鈣離子、鎂離子的化合物滲入地下水，經過自然力的長期作用後最終形成一些可溶於水的 $Ca(HCO_3)_2$、$Mg(HCO_3)_2$ 等化合物。這種水直接燒開，就會分解成 $CaCO_3$、$MgCO_3$ 等物質。若擔心白色粉末影響飲用，則可將水靜置一段時間或漂淨後飲用。

11 為什麼在車上玩手機會頭暈？

車輛在行駛過程中難免會有加速、減速、轉彎，這些都會改變乘客的受力狀態，車輛行駛中人需要調整身體姿勢以和車的運動保持一致。這就加大了小腦、前庭系統等的負擔。當人看著前方與窗外時，他能夠對即將到來的轉彎有一定的預判，因此大腦可以提前做好準備。而當人專心玩手機

時，對外界的變化就沒有預判與準備了，同時還得在各種搖擺中將注意力集中在「靜止」的手機螢幕上，這樣就更容易頭暈了。

12 為什麼乾燥劑遇水會爆炸？

零食裡面比較常見的乾燥劑有兩種，一種是生石灰，另一種是矽膠。

乾燥劑遇水爆炸多指生石灰遇水爆炸。生石灰遇水會發生如下反應：

$$CaO + H_2O = Ca(OH)_2$$

這個反應會放出大量的熱，進而讓水沸騰。如果將一定量的生石灰撒入裝有水的密閉容器，那就會因為水劇烈沸騰而使得氣壓急劇增大，從而使容器炸裂。其實最危險的不是炸裂本身，而是濺出來的強鹼性溶液，一旦濺到身上，就會腐蝕人體組織。

而那種透明的球狀顆粒就是矽膠乾燥劑，矽膠乾燥劑很安全，但如果把它放入水中，也會發現透明的小球炸裂。這是因為矽膠多孔，吸水性強，浸入水中後體積急速膨脹，然後就炸裂了。

13 透明膠帶在被撕開時可能有兩種情況：撕得慢透明
膠帶就發白不透明；撕得快就是透明的。產生這兩
種情況的原因是什麼？

　　這是個十分有趣的問題。先上結論，白色的其實都是小
氣泡。空氣是透明的，氣泡為什麼有顏色呢？這是因為材料
裡面有很多氣泡的時候，一束光射入以後並不能直接穿透，
而是會在材料內部不斷地發生吸收、反射、散射等過程，最
終導致氣泡看起來是白色的。比如我們平時吃的冰塊，裡面
白白的東西就是小氣泡和其他雜質。

　　膠帶從 20 世紀初開始大量生產以來，已經有 100 多年
的歷史了。我們每個人從小到大都撕過不計其數的膠帶，其
中不乏一些十分有好奇心的科學家。膠帶為什麼可以粘住東
西？其原因在於表面上覆蓋有一層水性壓感膠，在和物體表
面結合以後，可以降低表面的能量，從而牢牢地吸附在表面
上。

　　膠帶裡面的小氣泡是怎麼來的呢？關於撕膠帶的過程，
科學家們有過很多研究，主要分為高速撕膠帶和慢速撕膠
帶。高速撕膠帶一般速度是 10cm/s，科學家們研究的焦點一
般在聲音的來源和摩擦發光上。（對，你沒看錯，撕膠帶還
會發光……）

　　而慢速撕膠帶一般有多慢呢？0.01mm/s，長度為 1m 的

膠帶要撕兩個多小時。但是也只有這麼慢的時候,我們才能看清在撕的時候膠帶上發生了什麼。

在顯微鏡下拍到的畫面顯示,慢速撕膠帶時,附著在膠帶上的膠水的形狀變成了鋸齒的樣子。如果我們用不同大小的力去撕的話,鋸齒的數量也會發生變化。當用力較小的時候,兩個鋸齒之間的間距比較大,也更容易撕出氣泡來。而當我們快速地撕膠帶時,鋸齒會變得非常密,也就不會有氣泡了。

14 為什麼吃了薄荷糖之後張嘴呼吸嘴裡會很涼呢?

這是典型的味覺欺騙效應,另一個相反效果的食物就是辣椒。之所以會出現這種效應,是因為這些食物裡邊含有的一些物質會與我們味蕾上相應的味覺感受器結合,然後向大腦傳遞錯誤的信號。

薄荷糖裡邊含有薄荷醇,會與嘴裡的陽離子通道受體蛋白 TRPM8 結合,TRPM8 在溫度低的時候也會打開,讓 Na^+ 和 Ca^{2+} 進入細胞,神經細胞再傳遞信號最終使大腦皮層產生「涼」的感覺,但是實際上薄荷醇並沒有真正讓嘴裡溫度下降。除了薄荷醇,還有桉油精等物質也有類似效果。同理,吃辣椒會覺得嘴裡很熱,原因是辣椒素會與 TRP-V1 結

合，TRP-V1 也是一種離子通道感受器，它在溫度比較高的時候也會打開。所以，辣椒素也沒有使嘴裡真的變熱。

15 一直困擾了多年的問題：擲硬幣到底是不是隨機的？如果我設計一台擲硬幣的機器，每次它擲硬幣的力度、接觸面積、外界環境完全一致，那麼每次硬幣落下後的面是不是一樣的呢？

擲硬幣到底是不是完全隨機，要看怎麼去理解。原則上，擲硬幣的整個過程都可以根據牛頓力學原理用確定的運動方程來刻畫，所以只要我們給足了初始條件，如題中所說的擲硬幣的力度、接觸面積等，那麼整個過程就是完全確定的，不存在任何隨機性。然而，問題其實並沒有這麼簡單，這些運動方程本質上具有很強的非線性，也就是說其對於初值非常敏感，初始狀態的一點點微小的變化都會導致完全不一樣的運動軌跡。因此從某種意義上來說，擲硬幣的過程可以用蝴蝶效應來比喻。從這個角度來看，我們人類無法將所有的初始條件都精確控制起來，所以擲硬幣的過程又是完全隨機的。

16 為什麼牛奶可以去除異味？是和活性炭的原理一樣嗎？還是裡面的有機物和其他物質反應了？

牛奶去除異味與活性炭去除異味的原理肯定是不一樣的。活性炭材料內多孔，比表面積大，其與空氣充分接觸並將大分子吸附在孔內，阻止其再次飄散到空氣中，以達到去除異味作用。牛奶可沒有這樣的吸附結構。利用牛奶可有效去除的異味主要是蒜味，原因是牛奶中的蛋白質與大蒜氣味分子發生反應。所以，愛吃大蒜又苦於大蒜氣味的同學注意了，你可以在吃完大蒜後細細品味一杯牛奶，既健康又可以有效去除大蒜異味。

17 為什麼航海船上的信號火炬可以在水下燃燒一段時間？就算有固體燃料或者鎂、磷一類物質，但沒有助燃劑啊？

信號火炬的使用環境特殊，要求它在燃放時火焰鮮豔、亮度大、火力強，那麼僅靠空氣中的氧氣作為助燃劑是不夠的，燃燒不夠劇烈，需要在其中添加強氧化劑作為助燃劑，如高氯酸鉀。雖然信號火炬在水下沒有氧氣，但是它的火藥配方中有強氧化劑作為助燃劑，照樣可以在水下燃燒。

18　流動的水比靜止的水更難結冰嗎？

　　流動的水的確比靜止的水更難結冰。

　　水結冰其實是一種結晶的現象，結晶需要有凝結核，然後凝結核不斷增大，最終變成大塊晶體。從這裡可以看出，結晶速率主要受到兩個因素的影響，一個是成核速率；另一個是生長速率。

　　首先，流動的水中，質點不容易聚集，成核困難；其次，受水流作用，水分子在凝結核表面難以長時間停留，晶體生長速率變緩。以上是從微觀的動力學角度考慮的，從宏觀上考慮，流動的水一般都是紊流，不是層流，因此水流下方溫度比較高的水會到表層來，那麼就需要帶走更多熱量才能讓表層的水結冰，這也會使得流動的水更難結冰。

19　口香糖為什麼不會粘住口腔？

　　回答這個問題我們需要從口香糖的成分入手，也就是天然樹膠、甘油樹脂等膠類物質加上糖漿、薄荷、甜味劑等。口香糖的黏性主要是大分子膠類物質（長分子鏈糾纏特性）的性質。而在口腔中，口香糖不粘的原因在於口腔中液體將

口香糖和口腔壁隔離開了，也就是口香糖的有機成分不溶于水導致的，因此如果將口香糖泡在水裡，用手接觸，也不會覺得它很黏。

20 木柴燃燒時釋放出的煙是什麼？無煙煤為什麼冒煙少？

這是因為，和木柴相比，無煙煤的炭化程度更深，揮發分（volatile component）含量更少。所謂揮發分，就是將煤在一定條件下隔絕空氣加熱，受熱分解產生的可燃性氣體（碳氫化合物、氫氣、一氧化碳等）。因為木柴中含有比較多的氫和氧，含碳量比較低，燃燒時不斷炭化，燃燒不完全，除了產生水蒸氣、二氧化碳之外，還有一氧化碳、多環芳烴類、醛類等污染物，嚴重的還有未燃盡的碳粒，就是我們所說的「煙」。無煙煤碳含量高，燃燒比較完全，故產生的煙和可燃性氣體少。

21 為什麼紙燃燒的時候不冒煙，火滅了才冒煙？

紙張的主要成分是植物纖維，一般情況下完全燃燒的產物是草木灰、水蒸氣和二氧化碳。水蒸氣和二氧化碳這些氣

體是無色無味看不到的。而燃燒快結束時（或者將火吹滅時），由於溫度的下降，燃燒產生的水蒸氣遇冷產生大量小水滴，裏挾著少量未完全燃燒的其他顆粒，形成白色煙霧。

水蒸氣和二氧化碳氣體確實是無色無味、不可見的。至於冬天呼氣，以及舞台乾冰所產生的白霧，均是水蒸氣遇冷後形成小水滴後形成的。

22 為什麼長時間不洗頭，第一次抹上洗髮精搓不出很多泡沫？

首先講一下泡沫產生的原因。洗髮水中的主要成分是表面活性劑，表面活性劑的分子結構如下圖所示，其頭部是親水基團，長長的尾部是疏水基團（親油基團）。

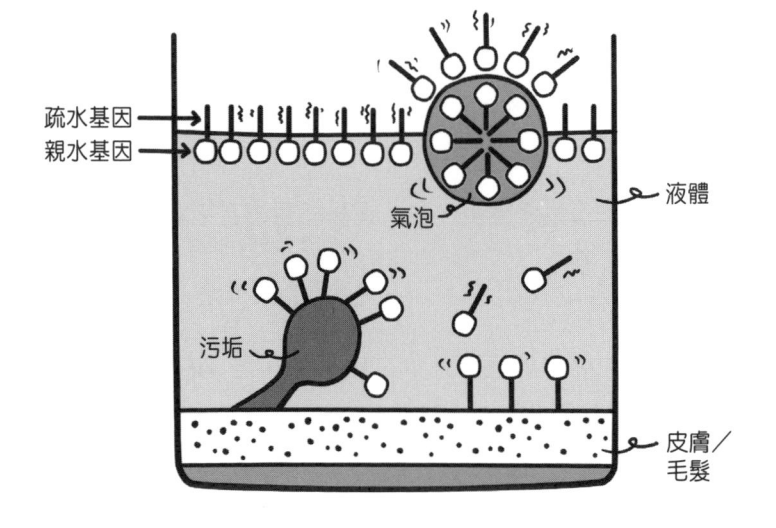

　　純水的表面張力比較大，不能形成穩定的氣泡，因為氣泡的產生會增大氣液間的表面積，使得表面能增大，這是熱力學不穩定造成的。加入表面活性劑後，表面活性劑的親水基團插入水相，疏水基團豎在空氣中，這樣降低了表面張力，讓氣泡能穩定存在一段時間。第一次洗頭時，因為頭髮上有很多污垢（有機物），這時候表面活性劑疏水基團會插入有機相，親水基團插入水相，起到乳化有機物的作用，從而去除污垢。因為表面活性劑大部分去乳化有機物了，那麼用於降低表面張力的就少了，自然泡沫就少了，從這個意義上來說，產生泡沫的多少可以用來表徵你頭髮的乾淨程度。只要有泡沫產生，就說明你倒的洗髮水是過量的，畢竟還有表面活性劑用來產生泡沫。

　　最後還需要明確一點，表面活性劑產生泡沫的原因是它有降低表面張力的作用，而具有清潔作用的原因是它具有乳化作用，這兩個特性不能混淆，因為有的表面活性劑具有很強的去污能力，但是不怎麼產生泡沫。

23 修正液是怎樣製作的？裡面那個搖起來會響的東西是什麼？

　　修正液的主要成分是鈦白粉，也就是 TiO_2（二氧化鈦）。修正液的配方中含有甲基環己烷、鈦白粉、環己烷、

1，1，1－三氯乙烷、1，1，2－三氯乙烷、環己酮、甲基己
丁基甲酮、二氯乙烷、樹脂等化學物質。那個搖起來會響的
東西是一個小鋼珠，主要目的是將修正液裡面的附著劑（鈦
白粉）和溶劑（甲基環己烷）混合。在使用修正液之前將其
適當搖晃，擠出來的是溶質（鈦白粉）、溶劑（甲基環己
烷）和膠，溶劑在空氣中揮發，膠將鈦白粉粘在紙上，蓋住
原有的筆跡。

24 電漿是不是只有在高溫中才能出現（例如火焰的高溫部分或閃電）？如果是這樣，那電漿滅菌也是一個高溫的過程嗎？

先給答案，電漿並不只在高溫中出現，等離子消毒是利
用低溫電漿中的高溫電子部分進行消毒的。

電漿是物質存在的形態之一。通常認為電漿是物質的第
四態，電漿就是顯著電離的氣體，但從氣態過渡到電漿，在
熱力學上沒有物理量的突變，並不存在相變過程。這種說法
並不準確。電漿的準確定義應該是由自由電荷構成的、表現
出集體行為的多粒子宏觀系統。傳統中性電漿研究的溫度範
圍非常廣泛，可以從地球電離層（極光）的 300K 左右到白
矮星磁化層的 10^{16}K。溫度和密度作為電漿的兩個參數，對
應傳統電漿的參數空間如下頁圖所示。

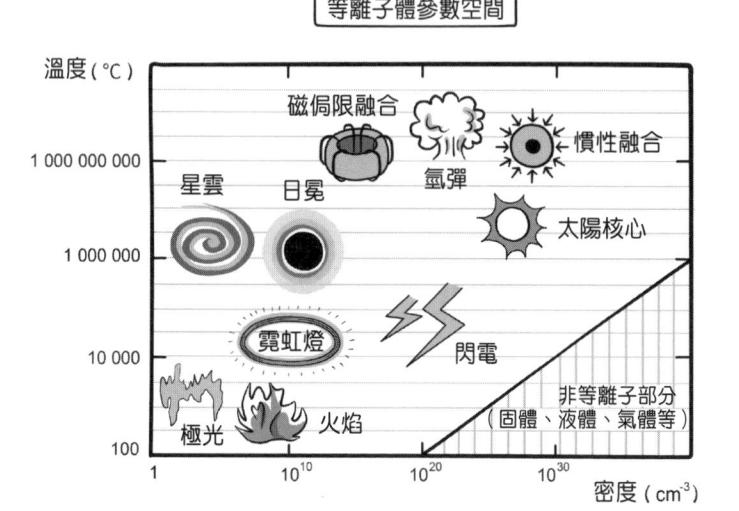

由於電漿內部電子和離子質量相差較大，透過碰撞交換能量過程緩慢，各種帶電粒子成分各自先達到熱力學平衡狀態，分別對應電子溫度 Te 和離子溫度 Ti。當電漿整體達到平衡狀態時，具有統一的電子溫度和離子溫度，粒子間的碰撞勢約為幾個電子伏特，對應電漿溫度為幾千度甚至更高，稱為高溫電漿。還有一種狀態是電子溫度雖然很高，但系統中重離子溫度很低，整體表現為低溫狀態，稱為低溫電漿，由於系統處於非平衡狀態也可稱為非平衡電漿。

低溫電漿消毒應用的就是這種原理：在幾 Pa 到幾百 Pa[3]

3　編註：帕斯卡（Pa），壓力單位。

的真空環境下利用特定電磁場對氣體進行電離產生低溫電漿，電子溫度可達 20000～30000℃，細菌的直徑約 10^{-6}m，許多電子將細菌或病毒包圍然後消滅，同時由於電子本身熱容量較小，對宏觀溫度沒有影響，不會對消毒的物品產生損傷。低溫電漿消毒的溫度一般為室溫。

隨著雷射冷卻技術的發展，超冷電漿成為研究熱點，其溫度可以低至 mK（10^{-3}K）量級。1999 年，美國國家標準與技術研究院（National Institute of Standards and Technology）的 S.L.羅斯頓（S.L.Rolston）小組首次採用光電離雷射冷卻原子的方法，得到了電子和離子溫度分別低到 0.1K 和 0.00001K，密度高達 10^9cm^{-3} 的氙原子的超冷中性電漿。

25 跳跳糖裡有什麼物質？

跳跳糖是一種口感獨特的糖果，大部分人小時候都吃過。那麼跳跳糖這種獨特的口感是怎樣形成的呢？

跳跳糖之所以擁有如此奇特的口感，是因為在糖果的內部密封有高壓的二氧化碳，當口中含著跳跳糖時，唾液會將表面的糖逐漸溶解掉，這樣氣泡破裂後二氧化碳就會跑出來而產生獨特口感。

跳跳糖的製作方法已經不是什麼秘密：在將所有的原料混合後，一起溶解在少量水中，然後將溶液放在密閉容器中加熱到 150℃，再充入二氧化碳，冷卻後細微的二氧化碳氣泡就包裹在跳跳糖中了。

26 為什麼泡麵是彎的而不是直的？

泡麵並不是在加工過程中由直變彎的，而是一開始生產的時候就專門做彎了！麵條首先需要被高溫蒸汽蒸熟，然後經過油炸，因此泡麵都比較脆。麵變脆之後就容易折斷，而在運輸與儲存期間難免會磕磕碰碰。因此當面條存在各種小的彎曲時就變得不容易折斷，能承受更多的壓力。

另外，桶裝麵是要裝在紙碗裡的，碗的口徑是有限的，如果麵條是直的，那麼相同的面積所能放置的麵條會比較短，而當麵條彎曲之後雖然厚度變厚，但是相同的面積所放置的麵條增多，可以充分地利用紙碗的空間。從成本方面考慮，將麵條設計成小波浪的自然卷，比擴大紙碗的口徑要低得多。

最後還有一個好處，如果麵條是直的，那麼麵條之間就會堆積得比較緊密，泡泡麵時水就不容易進去，而當面條彎曲之後，麵條與麵條之間就會有空隙，泡泡麵時可以和熱水

充分接觸，保證了泡麵的口感。

27 為什麼大部分跑道都是逆時針的？

有關跑步方向的最初規定起源於賽馬運動。最初賽馬運動的環形跑道並不是在體育場內，而是在人來車往的大街上。由於英國交通實行左側通行規則，馬唯有靠左跑和向左轉彎才能避免與迎面而來的馬車相撞。這種左側通行的交通規則使得賽馬沿逆時針方向跑成為慣例。

在 1908 年倫敦奧運會時，左手靠內側（left hand inside）的規定被採納，自此，逆時針田徑賽道的規定沿用至今。同時，對於長期從事田徑運動的人來說，長期沿一個時針方向的賽道跑步可能導致左右腿受力不均衡，可以定期更換賽道協調身體平衡。

28 水喝多了還會水中毒，所以水有毒性？

水中毒是指機體水的攝入量超過了排水量，以致水分在體內滯留，打破了水和電解質的平衡，引起血漿滲透壓下降和迴圈血量增多，稀釋了人體內的鈉離子濃度的現象，在醫

學上又被稱作稀釋性低血鈉。

鈉是人體內很重要的電解質，有維持體內水分平衡、幫助神經肌肉運作的作用。血液中的鈉離子過低或過高，都會引起人體不適，而當人體血液中的鈉離子濃度過低時，就會出現以下症狀。

鈉離子濃度低於 130mEq/L[4]：開始出現輕度的疲勞感。

鈉離子濃度低於 120mEq/L：開始出現頭痛、嘔吐或其他精神症狀。

鈉離子濃度低於 110mEq/L：除了性格變化，還伴隨痙攣、昏睡的症狀。

鈉離子濃度低於 100mEq/L：神經信號的傳送受到影響，導致呼吸困難，甚至還可能導致死亡。

（毫當量濃度為毫莫耳濃度乘以離子價態數：對於鈉離子有 1mEq/L＝1mmol/L×1 價）[5]

水中毒的原因主要有：在大量出汗後馬上大量補充水分、急慢性腎功能不全、藥物影響等。一般情況下，只要不是短時間內大量喝水，我們的腎臟是可以調節的。因此，正常飲水不用擔心水中毒情況的發生。

4　編註：Eq，當量，用於表示物質的量。mEq 為「毫當量」。
5　編註：mmol，毫莫耳。

汗液帶走納離子

飲水處

❶ ❷
❸ ❹

「咕咚咕咚」

飲水後體內
納離子濃度
被稀釋

水電平衡被打破
引發不適反應

29 可樂遇到牛奶出現沉澱是什麼原理？和牛奶裡加食用鹽，鹽析蛋白質是一個原理嗎？

　　牛奶中 80%的蛋白質是酪蛋白，酪蛋白在 pH 低於 4.6 時會沉澱。因為可樂配料中含有磷酸，其 pH 為 2.5 左右，所以可樂和牛奶混合會使酪蛋白沉澱。這和牛奶裡加食用鹽，使蛋白質析出不是一個原理。

　　對鹽析現象的解釋要用到膠體的概念。牛奶中含有大量蛋白質顆粒，是一種膠體，其中的酪蛋白顆粒帶負電。膠體之所以能維持穩定，是因為同種膠體粒子所帶電荷相同，有

靜電排斥力，膠體粒子不易聚集；並且膠體粒子表面的溶劑化層相當於膠體粒子的「保護傘」，膠體粒子相互靠近時，「保護傘」因擠壓而變形，產生的彈力會使膠體粒子相互遠離。但是向膠體中加入大量無機鹽時，會吸引大量水分子與這些無機鹽離子水合，破壞了膠體離子表面的溶劑化層，並且無機鹽離子會和膠體粒子所帶的電荷中和，在這兩種因素的影響下，膠體就會聚沉，這就是鹽析現象。從上面的分析可以看出，鹽析並不會改變蛋白質的空間結構，蛋白質重新溶解後仍然具有活性，所以鹽析可以用來提純蛋白質。

多說一句，鹽析和銅鹽聚乳是不一樣的，銅離子是重金屬離子，可以和蛋白質形成化學鍵，這樣就破壞了蛋白質原有的結構，使蛋白質變性，這一過程是不可逆的。

30 為什麼濕手碰洗衣粉會感覺到輕微的灼燒感？

洗衣粉是一種合成洗滌劑，主要成分是以烷基苯磺酸鈉為主的表面活性劑，再混合一些助劑。同時，洗衣粉是鹼性的，無論是以前加入三聚磷酸鈉作助劑，還是現在利用 4A 沸石和鹼性試劑作助劑（三聚磷酸鈉被禁用主要和磷酸鹽導致的藻類優養化有關），主要都是為了增強表面活性劑的效應。常用的鹼性助劑有純鹼和水玻璃。而純鹼，即碳酸鈉溶

於水會放熱。另外，鹼性較高的話，也是會使接觸的皮膚有刺痛等感覺的。

31 現在有沒有一種技術能使石墨在特殊情況下反應變成鑽石呢？

　　石墨看起來黑溜溜的，鑽石看起來晶瑩剔透，儘管它們顏色非常不同，但是組成它們的元素都是碳。它們的不同在於內部的原子組合方式不同，石墨是一層一層的，每層石墨只有一層原子，原子之間靠共價鍵連結，層與層之間是凡得瓦力（Van der Waals force），單層的石墨又稱為石墨烯，是最著名的二維材料。鑽石內部的原子全部靠共價鍵連結。雖然鑽石很硬而石墨很軟，但是石墨要比鑽石更加穩定。有多種方法可以製造鑽石，它們分別需要不同的條件。

　　1.直接法：利用高溫高壓直接將石墨等原料變成鑽石。

　　2.熔媒法：利用高溫（1100～3000℃）和高壓（5～10GPa，1GPa 相當於 10000 個大氣壓）[6]使石墨等碳質原料和某些金屬（合金）反應生成鑽石。

　　3.外延法：利用熱解和電解某些含碳物質時析出的碳源在鑽石晶種或某些起基底作用的物質上進行外延生長而成。

6　編註：Gpa 為十億帕斯卡，Mpa 為兆帕斯卡。

4.武茲反應法（Wurtz reaction）：用四氯化碳和鈉透過加溫到 700℃反應，生成鑽石。

32 臭氧為什麼能污染環境呢？

臭氧（O_3），氧氣的同素異形體，是一種有著特殊氣味的淡藍色氣體。臭氧主要分佈在地球周圍 10～50km 的高空中，保護地球不被紫外線過度照射。雷雨過後，我們都能在空氣中聞到一股略微怪異的味道，就是我們常說的臭氧。

首先，在平時的空氣中，臭氧是無毒的，只有較長時間處於較高濃度的臭氧環境中時，它才會對人體產生危害，也就是我們常說的，劑量決定毒性，就像水喝多了也可能中毒一樣。其次，一般情況下，我們聞不到臭氧，是因為臭氧存在 10～30 分鐘的半衰期，會分解為氧氣。

我們常說的光化學煙霧主要成分就是臭氧，由 NOx、VOC（揮發性有機物）等轉化而成。產生的臭氧具有氧化性，在一定的濃度下，會對材料造成腐蝕，如氧化聚合物材料中的不飽和鍵；影響植物生長，如破壞細胞膜，影響生理功能；對人體造成危害，如危害呼吸道和中樞神經。

33　為什麼高鐵過隧道時人的耳壓會升高？

　　這不是耳朵內部壓力變化，而是高鐵進入隧道時氣壓的突然改變導致的。高鐵通過隧道時，由於隧道內空氣流動空間受隧道壁和列車壁的限制以及空氣的可壓縮性，從而使隧道內空氣壓力急劇變化，而高鐵本身又不是完全密封的，內外部氣壓會發生平衡，從而使車廂內出現壓力波動。而高速行駛的高鐵產生的壓力波動會被耳膜接收到，從而引起乘客耳鳴、噁心等不適症狀。

　　好奇的讀者肯定會問：「那麼氣壓是增大還是減小呢？」這個問題其實要考慮車廂內外壓力波的耦合，以及車廂密封性、車速、車身長度等因素，利用一維流動模型來解決。這裡僅提供數值模擬的結果：高鐵進入隧道引起的車廂內壓力變化應該是先增大後減小，當然車廂密封性越好，受到的外部氣壓影響就越小。

34　為什麼在爐灶裡燒柴火，煙不會朝人的方向飄而是自動往爐灶裡面飄然後從煙囪排出？

　　生活中，我們常常會發現一些有趣的現象，在爐灶裡燒柴火，煙會自動往爐灶裡面飄然後從煙囪排出，這是為什麼

呢？為了弄清楚這個問題，我們要對煙囪的形狀有個直觀的認識。一般而言，煙囪是一個兩端開口的管道，煙囪一端連接灶膛，另一端的出口一般在房頂或房子的側面，細心觀察不難發現，煙囪出口的高度是高於爐灶的。

　　煙囪在此過程中主要防止氣體在水平方向上擴散，起到封閉管道的作用，當熱空氣在煙囪裡面上升時，會造成局部地區的低壓，使空氣持續不斷地沿著煙囪上升。當空氣在煙囪頂部離開時，由於熱空氣散溢造成氣流，將爐外空氣抽入填補，使爐火燃燒更烈。還有個有意思的現象是在下雨時燒火做飯，煙常常會從灶門灌入室內，這是因為下雨前，高空氣壓變大，使得煙從煙囪出口排出變得困難。

聯合報

— Part7 —
自然現象篇

01 為什麼河流總是彎的？

　　原本筆直的河流可能因為各種因素出現輕微的彎曲，而自然界中最不缺的就是這些偶然的擾動，以及擾動產生效果所需要的漫長時間。

　　擾動有很多，如地形的起伏，地層的裂隙、節理、斷層，小動物在河岸打洞，都會使得一邊的土壤變得鬆軟，進而塌縮，使得水向那邊靠近。而彎曲一旦產生之後就會變得越來越彎：如果河岸有小彎曲，那麼水從那邊流過時走的路線就是曲線，此時就會產生離心力衝擊河岸，離心力的大小和彎曲的曲率、水流速的平方成正比，而最初產生的小彎曲其曲率很大，因此離心力大，會對河岸產生強烈的衝擊，使得河岸進一步彎曲，變得更加偏離直線。水流在經過彎曲的河岸之後會像被反彈一樣衝擊到斜對岸的河岸，這一衝擊會產生下一個彎曲，周而復始，因此河流往往是「S」形的。也就是說河流的彎曲分兩步，第一步是原始的因素使得河流產生小的彎曲，第二步則是在離心力的作用下彎曲擴大，以及河水「反彈」對斜對岸的衝擊形成下一個彎曲。

　　最後再說一下地球自轉偏向力的作用。地球自轉偏向力是對整段河流都起作用的，它並不會使河流形成差速水流，地球自轉偏向力對於河流的作用是使得河道兩岸受到的沖刷

和堆積不同，與河流的彎曲沒有關係。

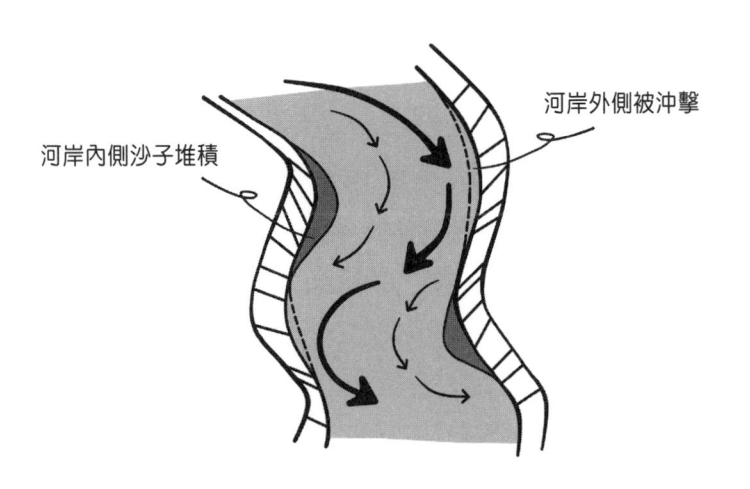

河岸外側被沖擊

河岸內側沙子堆積

02 為什麼浪花看起來是白色的，而不是和海水一樣的顏色？

　　純水是無色透明的，也就是說光線可以按一定規則透過水傳播，其出射光線能反映出入射光線的資訊。海水的顏色之所以是藍色，是因為海洋中發生了瑞利散射（Rayleigh scattering）。

　　那浪花為什麼是白色的呢？因為浪花並不是單純的海水，而是海水和泡沫的混合物，這些泡沫就是一層水膜包著空氣，這樣在浪花中就存在了「海水—空氣」的複雜介面。

光線在其中傳播時被無規則反射和折射，最終出射的光線不再含有入射光線的資訊，因此不再透明。而這種無規則的反射和折射對各種顏色的光又是等機率的，所以最終我們看到的浪花呈現出白色的樣子。相同的原理可以說明另外一個現象：比較完美的冰塊是透明的，而含有大量裂紋的冰塊卻呈現白色不透明狀。

03 同樣是由水分子構成的，為什麼雪是白色的，而冰是透明的？

一束光進入物體時，它會發生吸收、反射、散射等。而物質之所以有不同的顏色，是因為它對不同頻率的光進行選擇性吸收，並將呈現出來的顏色反射到我們的眼睛中。舉個例子，綠植會呈現綠色是由於它不吸收綠色光（或者說吸收少）並將綠色反射回來。因此，冰是透明的在於它幾乎不吸收可見光也不會把光反射回來，從而看起來就是透明的。但是同樣是水分子構成的雪為什麼是白色的呢？這是因為雪花是由各種隨機取向的冰晶構成的，而各種冰晶之間就會存在晶界，光在這些介面上就會發生散射，使得最終返回我們眼睛中的光是各種頻率的光等機率的疊加，因此看到的雪就是白色的。事實上，若是用力敲擊一塊透明的冰，則我們也能看到白色的裂紋。

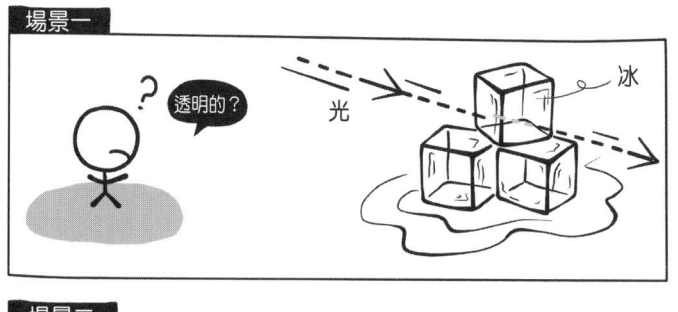

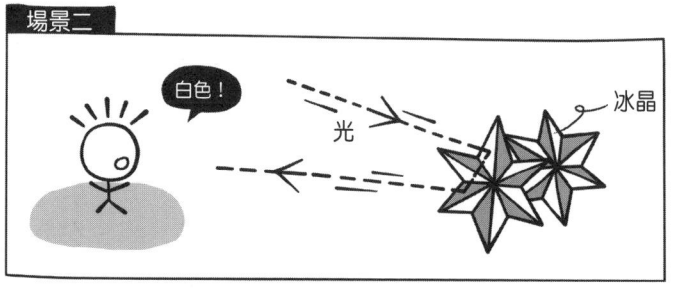

04 為什麼冰塊只有一小部分在海面上，大部分在海面下？

　　這與冰和水的密度有關，我們首先考慮兩種極端情況。假設冰和水的密度相同，那麼當冰塊全部沒入水下時冰所受的浮力與重力平衡，這種情況下，冰會全部隱藏在液面以下；由於冰的密度比水小，因此會漂浮在水面上；如果冰的密度為零，那麼冰就會完全浮在水面上了。

　　下面對冰浮在水面上的情況進行計算，假設冰在水面下

的體積是 V_1，冰的總體積為 V_0，冰和水的密度分別為 $\rho_{冰}$ 和 $\rho_{水}$，有：

$$F_{浮}=\rho_{水}gV_1=mg=\rho_{冰}gV_0$$

$$\frac{V_1}{V_0}=\frac{\rho_{冰}}{\rho_{水}}\approx 90\%$$

　　一般情況下，冰的密度是水密度的 9/10，因此冰塊隱藏在水下的體積大約是總體積的 90%，這就是冰山一角的物理原因。

05 出現鬼火是什麼原因？

首先需要說明的是，這種現象雖然叫作「鬼火」，但和「鬼」沒有任何關係。之所以會被稱為鬼火，是因為這種現象多發生在農村的墳地裡，而且通常會跟隨著人一起運動，看起來十分詭異。因此，在自然科學知識匱乏的古代，人們自然而然將之與鬼神聯繫到了一起。實際上這只是一種磷化物氣體在空氣中自燃的現象。人體骨骼中富含磷元素，土葬的屍體在腐爛過程中，磷會與周圍物質發生反應產生磷化物氣體（主要為 P_2H_4），這種氣體會從地下滲透出來飄向空氣中。磷化物氣體燃點低，在炎熱的夏天很容易自燃，發出綠色磷光。這種現象在夏天正午更易發生，不過在日光下不易被察覺。

那為什麼它會跟隨著人一起運動呢？磷化氫氣體較輕，容易隨著氣流飄動。人在自燃的磷化氫氣體附近走動，會產生氣壓差（人帶動空氣流動，流動快的空氣會比流動慢的空氣氣壓低），使「鬼火」跟隨人運動。

更有趣的是，在希臘文中的「磷」和「鬼火」是同一個詞。是不是當初發現磷的「煉金術士」就以「鬼火」來命名的這種物質呢？這就不得而知了。

06 霧和霾怎麼區分？

　　我們知道，霧是可見的，因此它不是氣態。事實上，霧是空氣中凝結的小水珠。在春季的早晨，接近地面的地方，水蒸氣遇冷，凝結在一起，變成了小水珠。而霾則不同，就物態來說，霾是一種氣溶膠（一種懸浮在氣體介質中的固態或液態顆粒所組成的氣態分散系統），由空氣中的灰塵、硫酸、硝酸等顆粒物組成，能使空氣的能見度降低。從霾的組成成分上來看，我們可以大體推斷出霾的由來，即由大規模城市建設、工廠排放廢棄污染物等造成的。這些顆粒物被稱為細顆粒物（PM2.5），即直徑為 2.5μm（微米）及以下的懸浮顆粒，是造成霧霾的主要元兇。霾除了會對身體造成危害，抬頭不見藍天、手機上顯示的霧霾橙色預警，也總是讓人感到不安。霧霾問題，已然不容忽視。

07 為什麼同樣是烏雲密佈，有時候打雷有時卻不打呢？

　　打雷是由於雷雨雲中正電荷區和負電荷區之間的電場大到一定程度時，兩種電荷要發生中和，從而擊穿空氣進行放電。此時會發射出強烈的光，產生閃電。電極化的通路上會

產生高溫，使四周空氣因劇烈受熱而突然膨脹，雲滴也會因高溫而突然汽化膨脹，發出巨大的響聲，這就是雷鳴。同理，當帶電雲層運動時，地面相對應的地方會產生感應電荷，若雲層與地面或地面高大物體間距離較小，則雲層與地物間的空氣會被擊穿產生雷電。

通常，大氣是不導電的。打雷需要雲層之間的距離足夠近，此時雲層攜帶的電荷量形成的電場強到足以擊穿空氣。而大氣的擊穿閾值與空氣濕度還有關係，濕度越高越容易被擊穿，這就是為什麼夏季更易打雷的原因。有時會出現只閃電不打雷的現象，這是由於閃電傳播的距離比雷聲遠，等雷聲傳到我們這裡時已經聽不到了。

所以，打雷光有烏雲是不夠的，還需要雲層距離足夠近、電荷量足夠大、空氣足夠濕才行。

08　雲朵重嗎？如何測量一朵雲的重量？

雲一般是指大氣層中包含其他多種較少量化學物質構成的可見液滴或冰晶集合體，這樣懸浮的顆粒物也被稱作氣溶膠。討論雲的質量實際就是討論形成雲的氣溶膠的質量。由於氣溶膠的組成成分、體積複雜多變，因此對其質量的討論是十分複雜的。

對於氣溶膠，一般用質量密度的概念進行描述。對於有多個組分的氣溶膠系統，簡單來說，其質量密度可以認為是多種組分質量密度相對於組分含量的加權平均。因此，對存在雲朵區域內的氣溶膠不同組分的含量和顆粒直徑進行測量，透過加權平均的方式，可以大致得出雲朵的質量密度。假設空中存在一個體積是 $1m^3$ 的雲朵，直觀來看，雲能夠浮在空氣中，代表這種氣溶膠的密度是要低於或者等於空氣的密度。這裡我們取等於空氣的密度，約為 $1.29kg/m^3$（這裡我們的假設都是非常簡單的，實際情況可能非常複雜）。因此，一朵體積為 $1m^3$ 的雲朵其質量約為 $1.29kg$，大約相當於 1L 礦泉水或者五顆蘋果的重量。

09 白雲和烏雲有什麼異同？

這裡我們首先要回顧一下從水蒸氣到形成降雨的整個過程。我們知道空氣中是含有一定量的水蒸氣的，而水蒸氣從氣態凝結成液態（或者固態），需要兩個條件，一是溫度較低，二是有凝結核，而大氣中的凝結核多半為灰塵。對流層高空完美地滿足了這兩個條件。在水蒸氣凝結的初期，形成分離的小液滴（或小冰晶）懸浮在對流層中，這個時候液滴區域密度較小，灰塵少，彼此之間空隙較大，陽光透過率

高，衰減很小，雲朵呈白色。當液滴積累到一定程度，其區域密度變大，灰塵變多，彼此之間空隙變小。這個時候陽光透射率變小，衰減很大，雲朵呈灰色。與此同時，不同液滴也有較大機會相互融合，變成更大的液滴，以致液滴不能再懸浮空中，從而形成降雨。

所以白雲和烏雲的相同點：都是以灰塵為凝結核的液滴（或冰晶）。不同點：白雲液滴區域密度小，一般不會形成降雨；烏雲液滴區域密度大，會形成降雨。所以漫天烏雲的時候，有很大的機率是要下雨了，趕緊回家收衣服了！

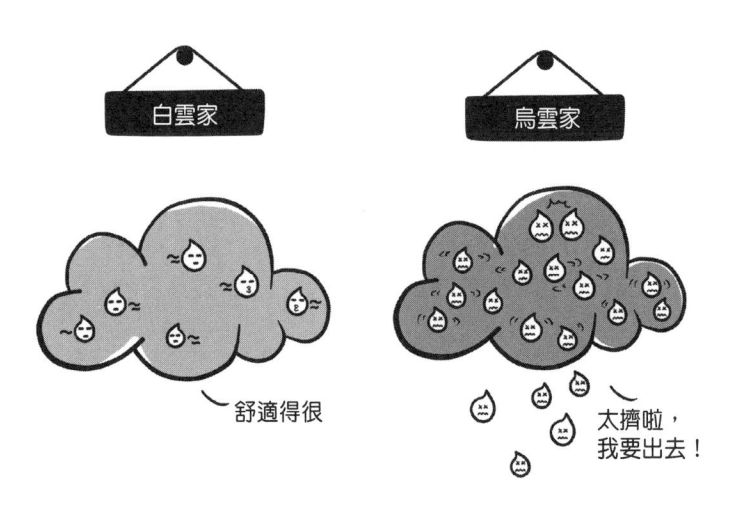

10 為什麼雨落下的時候是一滴一滴的,而不是像倒水一樣一股水流呢?

　　雨從來就不是水流:水汽在空中凝結,當凝結得足夠大的時候就會落下來變成雨。這裡所謂的足夠大也沒有大到像瓢潑一樣。即使是有人在高空向下潑水,最終落到地面的也是水滴。一方面,從水的角度看,下落過程中會受到風的很大影響,這風足以把水吹散;另一方面,先下落的水相對後下落的水做等速直線運動,也就是說兩者距離會越來越遠,最終會分離開。這也是自來水管流出的水柱越往下越細的原因之一。

11 有道是「山雨欲來風滿樓」,為什麼下雨之前會颳風呢?

　　事實上,有風並不是下雨的必要條件,但下雨時確實經常伴隨著颳風。我們先來看一下為什麼會下雨?

　　一般來說,陽光普照,使水吸熱蒸發,水蒸氣上升到溫度較低的高空中,如果空中富含凝結核,水汽就會凝結成小水滴形成雲。此時,這些小水滴還比較小,可以被空氣托住。

　　如果此時遇到冷空氣,雲中的小水滴就會繼續凝聚,逐

漸增大形成大水滴，白雲變成黑雲。當大水滴越來越重，直到空氣托不動時，它便下落到地面形成降雨。如果富含水汽的空氣遇到的是非常強勁的冷空氣，小水滴便會迅速變大形成雷陣雨等極端對流天氣。可見，冷空氣的出現會促進降雨。而冷空氣會給當地帶來風：一方面，冷空氣的移動自身就會形成風；另一方面，冷熱空氣之間的對流也會形成風。這也就是下雨之前經常颳風的原因。

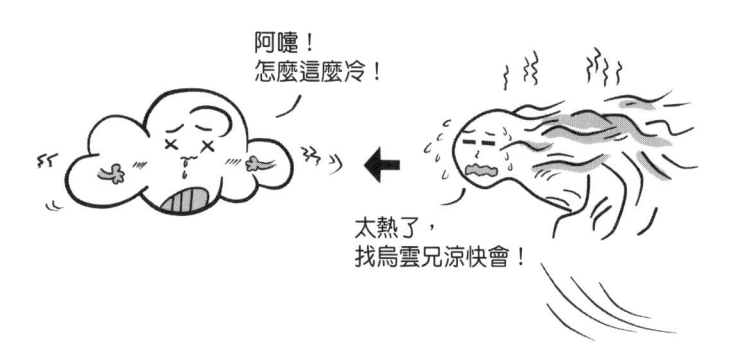

12 為什麼空中下落的雨滴無法砸死人？

　　雲層裡有很多凝結的小水滴，當小水滴承受的重力大於氣流的承載力時便會掉下來。由於氣流的承載力是很小的，因此雨滴通常都很小很輕。即便是稍微大一點的雨滴，在下落的過程中也會被氣流沖散。

　　另外，雨滴下落並不是自由落體運動，它會受到空氣的阻力，而阻力的大小與速度成正相關，即速度越大，受到的阻力就越大。當阻力大到和重力大小相同時，雨滴就沒有加速度了，會勻速下落，最終勻速運動時速度為 9～13m/s，這個速度並不是很快，所以我們用肉眼就能看見雨滴下落的過程。同時，因為雨滴的直徑通常只有幾公釐，所以其動量很小，自然就傷不到人了。

13　為什麼有的時候白天也能夠看見月亮？什麼條件下更容易在白天看到月亮？

　　月球是太陽照亮的，日—地—月相對位置角度不同，我們就會看到不同的月相：望月（滿月）就是在地球上恰好看到被太陽照亮的一面的月球；朔月就是在地球上恰好看到背對太陽的一面的月球；上、下弦月就是恰好看到一半被照亮的和一半黑暗的月球；盈凸月、虧凸月就是看到一大部分被照亮的、一小部分黑暗的月球；新月、殘月（蛾眉月、月牙）就是看到一小部分被照亮的、一大部分黑暗的月球。

　　朔月時，月亮在白天出現，但無法看見；望月時，月亮在夜晚出現；新月、殘月時，月球與太陽在天上相隔角度太小，容易淹沒在太陽的光芒下，所以不容易在白天看到，只能於凌晨日出前在東邊地平線附近（殘月）、黃昏日落後在

西邊地平線附近（新月）短暫看到一個月牙；凸月時，月球很亮，月球與太陽在天上相隔角度也大，容易看到，但是出現的大部分時間是在晚上，而在白天只出現在短暫的清晨（西邊看到即將落下的虧凸月）和傍晚（東邊剛剛升起的盈凸月）；弦月則介於月牙、凸月之間，白天出現的時間和亮度都適中，能在白天看到的時間比較長，但在白天不是很容易看清。

　　總結：凸月時最容易在白天看到月亮，而凸的程度越大，即月球與太陽在天上相隔角度越大，越容易看到，但能看到的時間也越短。

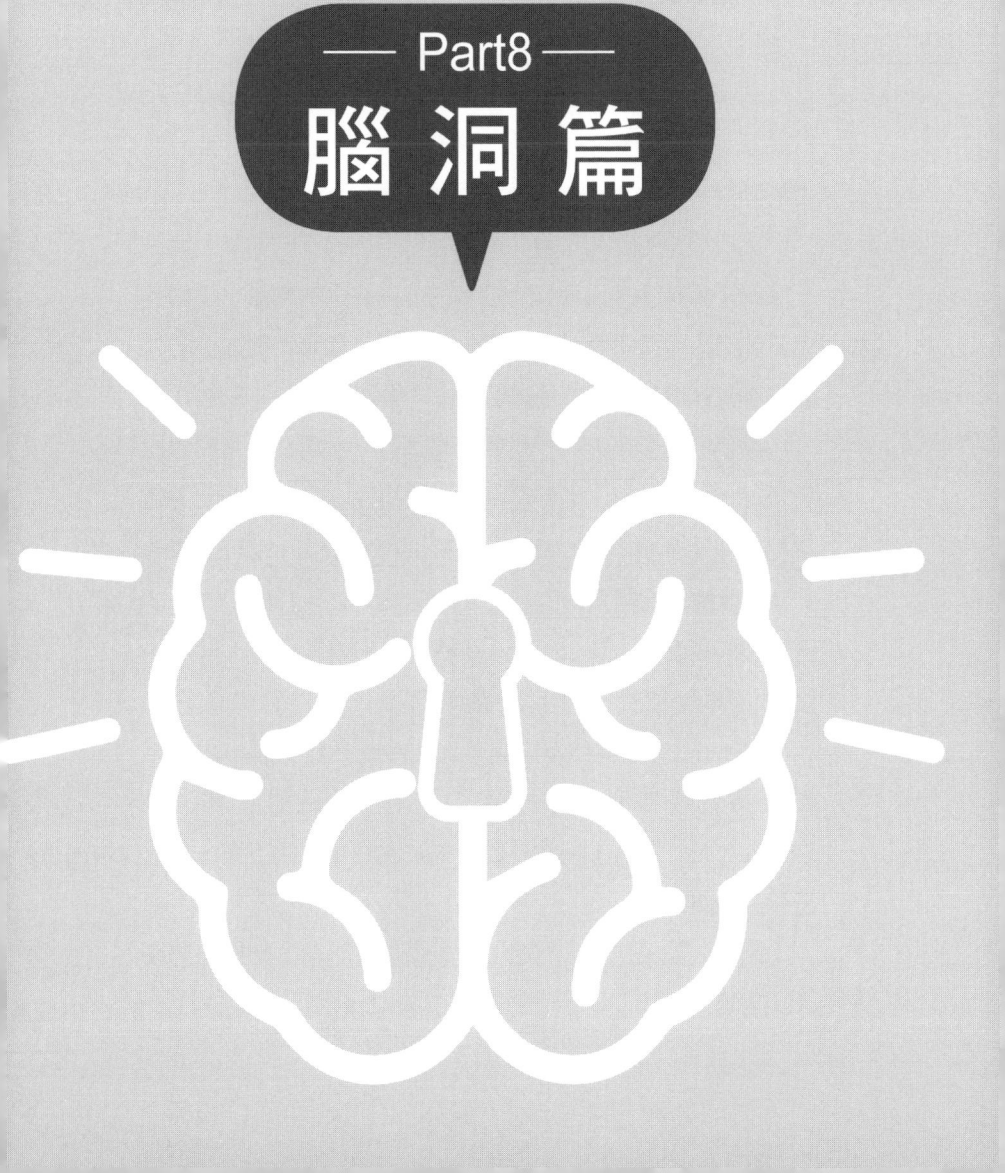

— Part8 —
腦洞篇

01 如果一個人手拿衝鋒槍從五樓跳下，從起跳開始手拿著衝鋒槍對地面射擊，忽略換彈夾時間，這個人能否安全著地？

　　射出去的子彈相對於射擊的人是向下運動的，它有一定的動量，依據動量守恆原理，會給人傳遞大小相同、方向向上的動量。（槍會有後坐力就是這個原因）

　　人受到重力作用，會持續地獲得方向向下的動量，而射出去的子彈越多，人會獲得越多的方向向上的動量。這兩個動量如果大小差不多，那人就是安全的；如果子彈提供的動量很小，那麼就相當於是螳臂當車，人就不能安全著地了。

　　我們對子彈所能夠提供的動量進行一個粗估。子彈頭的質量以 15g 來計算，子彈發射出去的初速度取 800m/s，同時這桿槍每分鐘可以射出 900 發子彈，即 1 秒射出 15 發。因此，1 秒所能提供的動量約為 $15g \times 800m/s \times 15 = 180kg \cdot m/s$。五層樓的高度大約為 15m，人和槍加起來的質量設為 80kg。那麼，不開槍從五樓直接跳下來，人獲得的動量約為 1400kg・m/s，且從跳下來到落地的時間不到 2 秒。因此，如果持續性朝地射擊的話，人在落地時的動量也有 1000kg・m/s 左右，相當於是從 8m 左右直接跳下來，也就是接近三層樓高。

　　因此，如果這個人有槍，並且還能在下落的時候控制後

坐力保持向下射擊，那麼以他的身手，落地的時候應該可以再接一個前滾翻，所以應該可以安全著地。

02 為什麼人不會飛？

與其回答為什麼人不會飛，不如回答鳥為什麼會飛。鳥類的身體結構為飛翔提供了可能性：寬大的翅膀覆蓋了羽毛，保證了鳥類可以透過扇動翅膀獲得足夠的升力；中空的骨骼減少了鳥類自身的重量，使飛行更加容易；鳥類強大的胸肌（雞胸吃起來很柴對不對？）和高效的呼吸循環系統為飛行提供了強大的動力；相比上半身的強壯，鳥類的下肢大多很纖細，這進一步減輕了鳥類自身的體重。這種種因素才保證了鳥類可以飛起來。對比人類自身的生理條件，尤其是粗壯的下肢，你是不是明白了為什麼人類不會飛呢？

03 在天空中多高的位置裝一面多大的鏡子，可以讓我們在地上看到如月亮般大小的地球的影像？

在回答這個問題之前，我們需要回答另一個問題：一個物體看起來的大小和什麼有關？顯然，看起來的大小不只是由物體實際的大小決定的：天上的飛機看起來很小，但是落

在機場的飛機非常巨大。其實,物體看起來的大小是由物體形成的視角決定的。視角就是視線和物體邊緣形成的夾角。

所以,只要地球的像形成的視角和月球的視角一樣,就能保證地球的像看起來和月球一樣大。我們知道地球的直徑是月球的 3.68 倍,所以只要像距離地球是地月距離的 3.68 倍就可以了,也就是約 1398400km(取地月距離 380000km)。我們又知道,平面鏡所成像和物是關於平面鏡對稱的,所以巨大的鏡子需要擺在像和地球的中間位置,也就是距離地球 699200km 的位置。關於鏡子的大小(保證在一個固定點上看到整個像),可以從下圖看出。

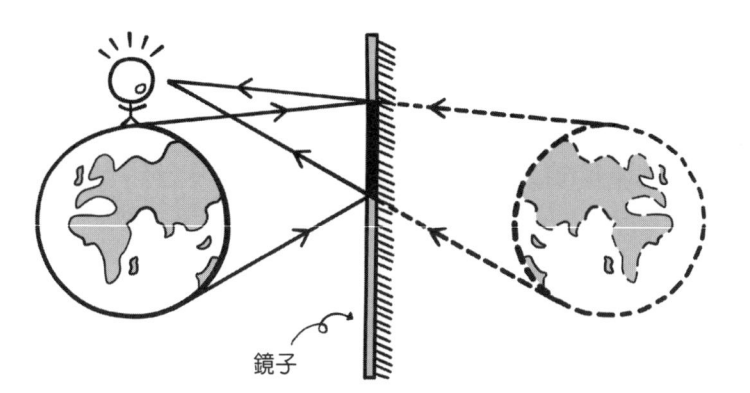

鏡子

圖中左側是地球,右側是地球的像,中間是鏡子,從相似三角形的關係可以看出,只要鏡子的尺度是像的一半就可以保證看到整個像,所以鏡子至少應該是半徑為 3200km 的圓形鏡子。

04　我們能用水澆滅太陽嗎？

　　我們常見的燃燒現象都是物質與氧氣發生反應放出光和熱的，很多情況下使用水可以將其澆滅。因為水和水汽化產生的水蒸氣可以隔絕反應物與氧氣的接觸，燃燒物沒了氧氣就會停止燃燒。那麼，我們能用這個方法澆滅太陽嗎？太陽燃燒的過程跟上述過程是不一樣的，太陽主要是透過自身引力產生的極端環境來產生核融合而燃燒放出光和熱的。這個時候我們往裡邊加水就不能隔絕它的燃燒了，同時由於太陽表面溫度特別高（5770K），水在到達太陽之前就汽化成水蒸氣了，並且電離產生的質子還會給太陽燃燒提供燃料。但是當我們添加的水足夠多以至於使太陽的質量超過了歐本海

默極限（Oppenheimer limit，大約是 2.17 個太陽質量[7]），那麼太陽就有可能經歷無限坍縮形成黑洞，所以也算是把太陽「澆滅」了吧。

關於歐本海默極限，最早是由俄國物理學家列夫·朗道（Lev Davidovich Landau）提出來的一個想法，當時人們剛發現包立不相容原理（Pauli exclusion principle）。包立不相容原理指出任意兩個費米子不可能處於同一個量子態。這樣，當物質由於重力而收縮的時候，存在一個費米簡併壓來抵抗這個收縮的過程。但是當重力大到超過這個簡併壓所能承受的範圍的時候，星體就會坍縮。歐本海默（Robert Oppenheimer）和沃爾科夫（George Volkoff）最早是在托爾曼（Richard Tolman）的工作基礎上算出了結果，所以這個極限又被稱為歐本海默—沃爾科夫極限。但是他們當時只考慮了費米簡併壓，所以最初得到的結果是 0.7 個太陽質量（小於錢德拉塞卡極限〔Chandrasekhar Limit〕），後來人們加入強作用力將這個結果修正為 1.5～3.0 個太陽質量。

7　編註：天文學上用於表示恆星、星團或星系等大型天體質量的質量單位，定義為太陽的質量，約為 2×10^{30} 公斤。

05 為什麼人跳在地上後不會彈起來，而籃球、足球等物體可以？

在類似於水泥地面的地上，這一過程中地面的形變很小，可以忽略不計。籃球與足球容易發生形變，當落在地上的時候會被擠壓，將一部分動能儲存為彈性位能，另一部分則被損耗掉了。足球與籃球的形變要維持就需要外界持續性施力，因此摔在地上的球在彈性位能儲存到最大後會立刻開始恢復形變，也就是將儲存的彈性位能轉化為動能，球就彈起來了。

人體與籃球足球相比，在發生彈性形變的時候，儲存的彈性位能要小很多。另外，人在落地的時候人體的肌肉會做功，將動能抵消掉。因此人不會反彈起來，除非地面的彈性很好，如跳跳床。

06 假設我有一支功率足夠強大的雷射筆，射向 500 萬光年以外的深空，然後我旋轉這支雷射筆，不考慮途中其他天體重力影響，在足夠大的尺度上，光柱（不是指單個光子的傳播路徑）看起來是彎曲的嗎？

在這種情況下，光柱自身的形狀確實是彎曲的。如果旋

轉的角速度已知的話，甚至可以寫出光柱的形狀隨時間變化的運算式。不過，我們在這裡提供一個更直觀的例子：如果大家用水管噴過水的話應該很好理解，光柱在太空中的運動和水柱在空中的運動（如果擔心重力的影響可以只考察水平方向的運動）非常相似，只是粒子運動的速度和空間跨度不同。水柱在空中的形狀不光可以是彎曲的，還可以是波浪形的，這取決於你怎麼晃動手中的水管。同理，光柱當然也可以是彎曲的。最後強調一點，光柱的形狀是彎曲的並不代表光沿曲線傳播。光柱的軌跡可以看作很多光線的頭部所組成的形狀，它的形狀和光的傳播方向沒有必然聯繫。

07 如果將一個人放在一個地板完全光滑的空曠房間中央，這個人有可能逃脫嗎？

　　首先，我們假設房間比較大，因此我們無法透過改變身體的姿態來接觸到房間的邊緣。其次，因為地面是絕對光滑的，所以你不能透過蹬地讓自己的質心向房間邊緣運動。那麼是不是就沒有辦法了？答案當然是否定的。如果你穿了衣服和鞋子，事情就好辦了很多，你可以脫掉一兩件衣服朝著門的反方向扔去，這樣就可以獲得朝向門的速度，你只需要慢慢滑向門口就可以了。

　　如果沒穿衣服怎麼辦？找出身上可以往外扔出去的東西

（如口水之類的）就可以了。如果實在沒什麼可扔了怎麼辦？那就只能靠氣體了，具體操作如下：首先朝門的方向，大口吸氣；其次轉過頭背向門的方向用力呼氣，透過反沖可以獲得朝向門的速度，重複多次就可以逃脫出去。

08 嗯……一個 64G 的手機，裝滿文件後會變重嗎？

會。在解答這個問題的同時，我們需要瞭解一下各種儲存裝置的原理。

磁片：包括磁帶、軟碟、硬碟等，都是透過磁來記錄資料的，寫入資料會改變其內部物質磁性排列方向，其質量理論上是不會變化的。

光碟：包括 CD、VCD、DVD 等，都是透過光學結構記錄資料的，一般是一次性儲存裝置，寫入資料就是在上面戳小洞，戳上就沒法抹平了，所以只能燒錄一次，之後只能讀。寫入資料之後，其質量理論上是降低了，因為戳了很多小坑。

快閃記憶體：包括手機存儲、固態硬碟等，都是透過電來記錄資料的，每一個阱可以有有電子（1）和無電子（0）兩種狀態，寫入資料以後，保存的電子數目有變化，但不一定變多或變少，所以質量也會有變化的，只是太微乎其微。

09　如果臭氧層破了，我們會怎麼樣？

臭氧層很重要的一個作用是吸收紫外線，而沒有臭氧層，其後果比不打傘、不塗防曬霜去西藏旅遊還要嚴重得多！

臭氧層吸收了紫外線後會將其轉化為熱能加熱大氣，形成大氣的溫度結構，對於大氣的迴圈有重要的影響。另外，正是因為地球有臭氧層，所以才有平流層。如果臭氧層被破壞了，其破口下的區域紫外線強度會增大，同時由於臭氧層結構的殘缺，對大氣的結構也會有影響。

紫外線對生物的危害很大，如果沒有臭氧吸收紫外線，那麼人類的皮膚癌、白內障等疾病發病率會大幅上升，而植物也會大面積死亡。

10　身體裡有鋼釘，雷雨天氣會有危險嗎？

雷擊是雷雨天氣中很常見的一種現象，實際上就是一種擊穿空氣的放電現象。常見的有帶電雲層間的放電與帶電雲層和大地間的放電。我們這裡關注雲層和大地間的放電。

雪雨天雲層是會攜帶大量電荷的。帶電雲層與地面會形

成一個大電容，中間的空氣就是介質。對電容稍微瞭解的同學都知道，電容會存在一個擊穿電壓，超過這個電壓就會擊穿介質迅速放電。雲層與大地也類似，如果電荷積累到一定數量，就會擊穿空氣並迅速放電。雲層與地面距離較遠（幾公里到數百公里不等），中間空氣電阻太大，必須積累到一定的電壓才會擊穿。這使得擊穿電壓很大，擊穿電流也很大，如果有人正好處在導電通路裡，那就相當危險了。

正如前所述，想要擊穿空氣，就要將電荷積累到一定數量，相應地，越容易積累電荷，那麼雷雨天被雷擊中的機率就越大。那麼怎樣比較容易積累電荷呢？首先，要與大地導通，才能使大地的電荷傳導積累。其次，由於電荷喜歡向著曲率小的地方跑，所以越尖銳越容易積累電荷。尖端放電就

鋼釘

是個明顯的例子。避雷針就是將這兩個條件完美地融合到了一起。

鋪墊了這麼多，現在言歸正傳，回答這個問題。身體裡面有鋼釘，一般打在骨頭處。只要沒有露在皮膚外面，就不會明顯地改變人體的導電性質，又沒有增加「尖端」，根本就不會增加被「雷劈」的機率。

11 怎樣！才能！減肥！

看到這個問題，我的第一反應是這個問題的答案應該非常非常多吧？

於是我上網搜尋了這個問題，果然不出我所料，首先看到的是各種廣告，而往下翻則能看到各種實用經驗分享。

所以讀者會問這個問題，自然是希望得到物理式的答案。

首先告訴你一點——你選對地方了！

在分析這個物理問題之前，讓我們先定義一個名詞。

表觀體重：實驗上通過儀器所測到的體重，得到的資料是數位，從幾十到幾百，單位為公斤（kg）。

我們先來聊一下狹義的減肥，即改變表觀體重。

你決定要減肥了，那麼此時你的表觀體重就是初始值，

你當然會有一個目標體重,雖然這個目標體重可能於你而言像絕對零度一樣不能透過有限的手段達到⋯⋯

　　從數學上看,就是訂立了初末端點,求連接兩端點之間的曲線函數,要求滿足時間最短或是最「輕鬆」,這是典型的泛函求極值問題,可以用變分法來解。

　　找出各種變數後構建出適合的拉氏量,然後求解歐拉─拉格朗日方程式(Euler-Lagrange equation),理論上可以解出一個減肥的最佳策略。

　　嗯,讓我們繞開這個數學問題,來一點簡單粗暴的物理減肥法。

　　有個公式我們都很熟悉,$E = mc^2$。如果站在質量虧損的角度來看,那麼想減小表觀體重需要釋放大量的能量,所以我們減肥並不是透過這條途徑。

　　我們需要吃飯,一方面是為了獲取能量;另一方面則是從食物裡獲取一些人體必需的物質參與人體的合成與代謝,如氨基酸、維生素、無機鹽等。從能量的角度來分析,如果攝入的能量比消耗的多,那麼表觀體重對於時間的導數便會取正值,所以如果長期吃得多卻消耗得少就會長肉。

　　因此想要減肥得從兩方面入手,一是減少能量攝入;二是增大能量消耗。

　　增大能量消耗所要面對的障礙無非就是累和懶,但減少能量攝入則是要抵制成千上萬的美食,所以減肥的重心應該

放在增大能量消耗上。可以做一些運動，如跑步、跳繩、游泳等。另外，大腦在進行高強度思考時對能量的消耗也很大，如人即便坐著不動，但是在那做數學題，餓得會很快。

接下來我們來聊一聊廣義的減肥。

在廣義減肥的理論框架裡，表觀體重只是一個參照，遠不及在狹義減肥論中重要。

在進一步討論之前，我們需要再定義兩個名詞。

主觀體重：與質量無關，是人對自己體重的一個認識。比如在 A 看來很瘦的 B 卻經常吐槽自己又胖了，而在 A、B 看來很胖的 C 則認為自己還是挺苗條的。

客觀體重：與質量無關，是別人對你體重的一個認識。比如 A 對 B 說：「你看你都胖了，所以這些肉你就都讓給我吃吧。」

一個人只有在主觀上覺得自己胖了的時候才會決定去減少自己的表觀體重，而客觀體重的影響最終其實也是在影響主觀體重。當一個人主觀上覺得自己的體重可以了，他自然就不會想去減肥了。所以，真正要改變的其實是主觀體重！

也就是說，我們真正追求的，其實並不是體重秤上的讀數，而是自己以及周邊的人都認為的苗條、性感。所以可以透過穿衣來凸顯自己的苗條，揚長避短。

也許你會說，那站上體重計不就暴露了嗎？

很簡單，你只需說三個字——你先上！

12 皮卡丘發的是交流電還是直流電？

皮卡丘究竟是使用直流電還是交流電只和作者如何設定有關，或許作者根本就沒有考慮過這個問題，但是我們透過一些現象來進行分析也未嘗不可。

我們知道皮卡丘的絕招之一是 100000V（伏特）攻擊，100000V 在生活中已經算是很高的電了。因此，我們有理由相信皮卡丘體內有增壓裝置，最常見的增壓手段就是交流變壓器，所以皮卡丘是有可能使用交流電的，但是很難想像如此萌物體內竟有線圈和鐵芯來實現增壓。那麼在真實的生物中有沒有可以發電的動物呢？確實有，如電鰻、電鯰、電鰩等生物。

電鰻的身體可以看作由一個個「電池」（其實是一個個特殊的肌肉細胞）連接而成，每一個「電池」依靠化學能向兩端搬運正負離子形成電位差，由於電池串聯電位差相加，導致電鰻首尾之間的電位差可以達到幾百伏特，這麼大的電位差可以輕鬆電暈甚至電死其他動物。

不過，電鰻的放電過程不是持續的而是脈衝式的，它不能被嚴格地歸為直流電或者交流電。不過皮卡丘的放電過程也是像閃電一樣的脈衝式放電，所以它很有可能採用和電鰻相同的發電手段。但是如果是這樣的話，顯然皮卡丘的發電

能力遠遠高於電鰻。

　　當然，最終答案也許只有作者才知道。

13　要多大的聲音才能讓整個地球都聽到？

　　聲音是靠空氣振動傳播的。聲波是縱波，會使空氣壓縮與膨脹，當聲音的強度超過大約 194dB（分貝）之後，聲波的氣壓最小的地方已經成為真空（每增加 6dB，音量增大一倍）。所以聲音繼續增大時，對傳播距離的增加就不明顯了。聲波能量的衰減速度與其頻率成反比，30℃下 10%濕度的空氣中，8000Hz（赫茲）的聲波衰減速度為 262dB/km，這代表聲音傳不了多遠就聽不到了。

　　那有沒有什麼辦法讓聲波傳播得遠一點呢？有的。我們來看看頻率更低的聲波表現怎麼樣，30℃下，當聲波頻率為 500Hz 的時候，聲波衰減的速度變成了 3.3dB/km。有希望！這時候我們繼續考慮 192dB 的聲音，在 50km 外依然能夠聽到 27dB 的音量。什麼概念呢？這個音量大概相當於情侶之間說悄悄話的程度。我們把頻率再降低一些！當把頻率降到了 10Hz，已經是次聲波了，這個時候人已經聽不見了，但是聲波的衰減速度變成了驚人的 0.011dB/km！依然是 192dB 的聲音，這一次即使在 10000km 之外（大概相當於從北京到

芝加哥的距離），音量依然保留到了 82dB，大概能夠達到題目的要求了，但是由於是次聲波，所以人是聽不見的。

當然，實際情況下聲音不會僅僅依靠空氣傳播，聲波在固體中的傳播速度更快，衰減更小（如敲擊鋼管的聲音可以傳到很遠），所以實際情形下，情況還是要更樂觀一些的。迄今為止，人類記錄的最大的聲音是 1883 年的卡拉卡托火山噴發，它導致 3 萬多人死於非命。那次火山噴發釋放的能量大概相當於 1 億噸當量（Eq）的核彈爆炸，聲音在 5000km 以外依然聽得很清楚。所以總的來說題目的要求還是可以實現的，大概只需要一顆小行星撞擊地球就夠了。

14 電影中刀劈子彈的場景現實中能做到嗎？如果能做到，肉體和反應需要鍛煉到什麼程度呢？

我們經常在電影作品中看到主角使用刀劈子彈的場景，《金剛狼》、《追殺比爾》等電影中就有類似的橋段，《功夫》中的火雲邪神更是直接徒手夾住飛來的子彈。

但是這種場景真的有可能出現嗎？如果單純看刀和子彈的硬度的話，實際上一般家用的刀就可以將高速運行的子彈切開。有人將刀固定在一個平臺上然後對著刀開槍，用高速攝影機拍攝下子彈被切開的過程。

但是顯然這種「刀劈子彈」不論從哪個角度看都不能滿

足題目的要求，題目想要的是使用肉眼捕捉到子彈的彈道，然後將其一刀劈開。這就有很大的困難了，迄今為止，還沒有人成功做到過。但是有一個日本人卻聲稱能夠劈開時速接近 100m/s 的 bb 彈，他就是町井勳，使用「居合道」中的「一擊必殺」拔刀術，將 bb 彈劈開。町井勳自五歲起拜師學武，現在已經成為居合道名家。曾經創下 36 分 5 秒刀砍1000 卷草席的世界紀錄。

　　他站在離射手大概 20m 的位置，在聽到槍響之後迅速拔刀，實際上可能更接近把刀「擺」到 bb 彈要經過的路徑上，然後子彈撞到刀上被劈開。但是這離刀劈子彈還有很大的差距。畢竟即使是手槍子彈，在一般情況下速度也能達到400m/s，顯然町井勳對手槍子彈還是束手無策的，更不用說速度更高的步槍甚至狙擊槍子彈了。以電影中的距離大約為20m 來計算，實際上主角一般還沒聽到槍響，子彈就已經到面前了。我們假設主角看到火光就出刀，光傳播的時間忽略不計。那麼 50ms（毫秒）內主角就要完成反應和出刀，但是正常人的反應速度在 300ms 左右，運動員經過特定練習對特定刺激（發令槍）的反應速度可以縮短到 150～180ms，人類反應速度的極限目前公認為 100ms 左右。所以人類基本不可能完成這個任務，而且比反應更難的是捕捉到子彈的彈道，以及揮刀。雖然人類難以完成這一任務，但是不要沮喪，隨著高速攝影和人工智慧的崛起，機器人很有可能能夠

實現「刀劈子彈」的創舉。先進的高速成像能夠實現近每秒
4.4 萬億幀的拍攝速度，而電機的速度帶動機械臂可以輕鬆
達到所需的揮刀速度，電腦更是能夠以非常快的速度準確
計算出子彈的彈道。透過捕捉人類揮刀動作，機械臂也能夠
實現類似的揮刀動作。日本安川電機就做了一個機器人（更
準確地說是一個機械臂）跟町井勳學劈草席的技術。

　　不過把這些技術整合到一起還有很長的路要走，相信在
不遠的將來，人類能夠造出可以「揮刀劈子彈」的機器人。

15　從物理學的角度來看，中國龍是怎麼飛起來的？

　　除了鳥類，會飛的動物還有很多，它們都有自己的本
事，但它們的飛行並不是鳥那種想升就升想降就降，而是一
種長距離的滑翔。比如飛魚、飛蛙和飛蛇（天堂樹蛇）。它
們都有一個共同點，具有翅膀或者翅膀類似物。比如飛蛙的
蹼很大，張開之後可以用來滑翔，而飛蛇是透過不斷的收
腹，使整個身體變得扁平，像一個倒扣的「Ｕ」形管，猶如
一個降落傘，在下落過程中增加空氣對身體的阻力，以獲得
100m 左右的滑翔。但是龍並不是單純的滑翔，它是可以自
由飛翔的。

　　從物理學上來分析，飛行就是需要機體的部位克服重力

做功，提供和重力平衡的力。動物的形態往往是為了形式特定的功能而進化出來的，要飛的動物，就必須具備一定的特徵。讓我們從形態入手，先來看看中國龍的形態。

中國龍並沒有翅膀，長得有點像鱷魚＋蜥蜴＋蛇的結合體。從形態學的角度來分析，它是不能飛的。在這裡我們需要進行一個預先的設定，即龍確實是會飛的，但透過讓人產生幻覺或者全息投影讓人誤以為它在飛的情況不在考慮之列。龍的體內存在一個巨大的囊，囊壁密不透氣，具有很強的韌性，囊可以透過收縮和膨脹來改變體積。囊的入口有一個生物固體膜，可以對空氣當中的組分進行分離。當龍吸入空氣時，空氣中的氦氣被分離並儲存在囊中，龍相當於一個氣球，可以獲得浮力，而多餘的氣體則快速地從身體下方、後方排出以獲得反衝力，這是它快速前進與上升的動力來源。如果要下降，則氦氣被替換為空氣。當入水的時候，氣體被排出，囊中儲存水，與潛水艇原理類似。以上的猜想是基於現有的知識做出的。

16 癌細胞是無限增生的，那麼可以透過體外培養癌細胞來為人類提供無限食物嗎？

細胞對培養液中的營養物質利用率並非 100%。以養殖動物為例，要想讓動物增重 1kg，需要餵食的食物肯定比

1kg 多,所以獲取無限食物是行不通的,因為你得投入更多的食物去餵養癌細胞。

雖然癌細胞可以無限增殖,但是脫離了人體這一舒適的環境,體外培養的癌細胞是十分嬌貴的,因此培養它是一件成本很高的事情,養過細胞的同學對這一點應該深有體會。

雖然培養大量癌細胞很難,但如果癌細胞的口感非常好的話,我相信還是會有人來做這個生意的,畢竟沒有什麼能夠阻擋吃貨對美食的追求。那麼,讓我們來分析一下癌細胞究竟好不好吃。

大多數癌細胞無氧代謝旺盛,並且缺乏將代謝廢物運出胞外的管道,因此其口感會比較酸,甚至會帶點腐敗的味道。癌細胞表面的粘連蛋白顯著減少或缺失,使得它和別的細胞之間不存在黏性,在體內表現為癌症容易轉移,在體外表現為鬆鬆散散,無法形成塊狀的肉,大概只能堆積幾層細胞。因此,從口感來說,大概會和喝粥差不多⋯⋯最後再對比一下肉,肉之所以美味,是因為其中包含了結締組織細胞、肌細胞、脂肪等,這些原料的配比不同得到了不同的口感,所以動物不同部位的肉吃法不一樣。而培養的癌細胞就不一樣了,它的組成是均一的。因此,從味道、口感、成本來看,培養癌細胞用於食用都是行不通的。

17 有沒有可能存在非常薄卻比厚衣服還保暖的衣服？

　　如果不考慮汗液蒸發散熱的話，人體熱量散失的方式主要有三種：熱傳導、熱輻射和熱對流。衣服就是透過阻礙這些過程來實現保暖的目的。雖然衣服的纖維也是熱的不良導體，但實際上起到最主要保暖作用的卻是纖維縫隙裡的空氣。目前在常見物質中，幾乎沒有什麼比乾燥空氣導熱係數更小的了。

　　但這並不代表纖維本身就不重要了，否則，我們冬天乾脆就都穿國王的新衣就好了。雖然空氣對熱傳導的阻礙效果很好，但空氣很容易透過對流帶走熱量。因此，保暖衣服要解決的主要問題是保證衣服裡頭存在足夠的非對流空氣（這也是羽絨服做成塊狀的原理）。因此，如果能找到導熱係數很小的材料做成衣服，就可能實現很薄但保暖卻很好的效果，如在身上多裹幾層塑膠保鮮膜。不過，不透氣會讓我們的皮膚很難受，畢竟我們傲嬌的肌膚既不能暴露在嚴寒下，也需要保持清新的「呼吸」。

18 如果在地球上搭一個足夠長的梯子到月球，人能否慢慢地爬上月球，而不需要第一宇宙速度？（假設人可以一直爬）

太空電梯（space elevator）的概念最初出現在 1895 年，由康斯坦丁·齊奧爾科夫斯基（Konstanty Ciołkowski）提出。相當長的一段時間裡，它僅僅只是一種科學幻想。也有不少公司曾計畫實施這一專案，但目前為止都未實現，事實上也都是止步於設想，因為找不到一種合適的材料來製造足夠強度的纜繩。

這件事到底有多難呢？

月球與地面不是相對靜止的，月球不能保持在地球一個固定地點的上空，因此無法做一個連接月球和地面的梯子。

退而求其次，這裡提出兩個備選方案。

【方案一】

月球上掛一個梯子，與地面不連接，這個梯子的底端隨著月球運動，運動到你身邊你才能上梯子。月球大約一個月繞地球一周，但很可能不會經過你身邊，或者你可以跟隨著梯子跑，這時你需要日行八萬里的速度。

說明：由於地月之間的潮汐鎖定作用，月球的自轉、公轉週期相同，始終以一面面向地球，這是這個方案的基礎。

而如果若干年後地月之間的潮汐鎖定完成，地球自轉與月球公轉也將同步，屆時月球停留在地球固定地點上空，則可以使用前述兩頭連接的梯子。

【方案二】

地球上掛一個梯子，上端與月球不連接，每天有一次與月球擦肩而過的機會（相對速度大概是 28km/s），把握機會爬上去。

但是哪個方案更容易實現一點呢？

其實爬梯速度的困難是可以透過轉乘其他交通工具解決的，畢竟不能真的純靠人肉爬梯子。真正的困難不在於爬梯子，而在於造梯子。我們來算一下太空電梯到底需要多大強度。

這裡我們需要考慮兩件事：單位質量（1kg）載荷在不同高度保持穩定所需牽引力，太空梯在不同高度所需比強度，即單位線密度（1kg/m）太空梯要抵抗「自重」（此處自重一詞包括了地球、月球引力及「離心力」）在不同高度所需內力。

【方案一】

這個比較簡單，在地面上你把重 1kg 的東西提起來就需要大約 9.8N（牛頓）的力，而離地球越遠，受地球引力越

小，物體就越「輕」。另外考慮到它還要隨著太空電梯繞地球轉，還有「離心力」在幫你，在繞轉角速度確定的情況下，「離心力」離地球越遠就越大。

其實即使是在地面上提重物也有「離心力」在幫忙，因為地球有自轉。而這個方案中太空電梯繞轉速度是一個月一圈，遠遠小於地球自轉的角速度，要到 27 倍地球半徑的軌道高度才能提供相當於地球自轉提供的「離心力」。

另外，在越過了地月拉格朗日 L2 點之後，月球引力占主導，維持穩定就需要反向往回拽了。

這個就難了，要求比強度最高達到 60GPa/（kg/m³）。如果 1m 太空梯自重 1kg，那這麼長的太空梯要維持「自重」，其各部分所需承受的力量最高可達到 6000 萬 N，也就是需要在地面上把 6000t（公噸）的重物提起來的力量。直觀一點，10 根這種材料要提得起遼寧艦，而這種材料每公尺只能自重 1kg。在材料、工藝固定的情況下，要提高強度難免也要提高線密度，而更高的線密度又需要更高的強度。

【方案二】

該方案繞轉速度與地球自轉同步，因此到地球同步軌道高度時「離心力」就能抵抗地球引力了，而再向高處走時，需要反向拉扯以抵抗「離心力」。同樣，每次靠近月球時要考慮受月球引力影響很大。

　　這個方案由於繞地球轉動角速度太大，高軌道高度處巨大的「離心力」累積影響使得最高需求的比強度達到380GPa/（kg/m³）。

　　那我們現在手頭上有多強的材料呢？目前最強的材料拉伸強度大約是 7GPa，是一種碳纖維，可以量產。對於不能量產的，已知的應該是石墨烯和單壁超長奈米碳管，理論上能到 100～200GPa。密度都大約是水密度的兩倍多。

　　那麼，就算我們造出 38 萬公里長的石墨烯或者單壁超長奈米碳管材料，它最高也就大約提供 100MPa/（kg/m³）的比強度，只達到要求的 1/600。

　　總結：爬梯子不難，造梯子難。

19　金箍棒重 13500kg，孫悟空揮舞起來就跟我們揮舞普通棍子一樣，這是不是力氣足夠大就可以？

　　想要像揮舞普通棍子一樣揮動重 13500kg 的金箍棒，當然需要極大的力氣，但是只有力氣是不夠的。即使不考慮空氣阻力，在揮舞金箍棒的過程中，因為金箍棒一直處於變速狀態中，所以金箍棒自身會受到很大的應力。如果金箍棒不是用強度特別大的材料製成的話，那麼不等它打到妖怪身上自己就已經斷了。

　　還有一點是，金箍棒自身質量很大，如果想把它揮得像

普通棍子一樣，需要施加非常大的外力。根據牛頓第三定律，孫悟空自身也會受到同樣大的反作用力。假如孫悟空體重是 75kg，如果在空中揮舞金箍棒使它產生 1m/s² 的加速度，孫悟空的加速度是 −90m/s²，遠大於重力加速度，也就是說他「咻」的一下就飛出去了。

就像體重輕的人很難駕馭重型步槍一樣，因為強大的後坐力會讓人飛出去。那麼孫悟空自身要多重才能駕馭金箍棒巨大的質量呢？按照普通棍子重 1.5kg，一般運動員體重75kg 計算，孫悟空的體重要達到 337500kg 才行。看來孫悟空要是一個無敵大胖子才行。

綜上所述，想揮動金箍棒不僅需要巨大的力氣，還要求金箍棒自身很堅固，同時孫悟空要是大胖子才行。如果考慮

地面承重能力、衣服強度等因素，還要施加更多的限制才行。這裡不再詳述。

20 萬有引力無處不在，我們是否可以利用它來獲取能源，從而使我們生存、發展呢？

我們可以利用萬有引力獲取能源，事實上我們已經這樣做了。潮汐發電就是這樣一種技術。

潮汐發電與普通水力發電原理類似，透過建造水庫，在漲潮時將海水儲存在水庫內，以位能的形式保存。然後，在落潮時放出海水，利用高、低潮位之間的落差，推動水輪機旋轉，帶動發電機發電。

潮汐是由月球和太陽的引力引起的，引力會造成地球上海面升高、降低的週期性運動，這就是潮汐。因此，潮汐發電的能量來源正是萬有引力。

21 地球一共有多少個原子？

地球是一個宏觀的系統，而原子是組成物質的微觀單元，因此在討論地球有多少原子之前，我們需要先弄清楚如何建立宏觀物質與微觀原子組成的聯繫。這個聯繫在物理學

上用亞佛加厥常數（Avogadro number）來表示。它的定義是一個比值，是一個樣本中所含的基本單元數，一般定義為 $0.012kg\,^{12}C$ 所含的原子數。目前這個數的數值約為 6.022×10^{23}。弄清了如何描述微觀原子與宏觀系統的聯繫，我們就可以用估算的方式大致提供地球原子數目的範圍。首先，目前公認的地球的質量是 $5.965\times10^{24}kg$。假設地球全是由最輕的氫元素組成（這樣的假設顯然不合理，但可以幫助我們估算出地球原子數目的上限），而一個氫原子的質量為 $1.660\times10^{-27}kg$，那麼按照亞佛加厥常數的概念，地球總共的原子數應該是 $5.965\times10^{24}kg\div(1.660\times10^{-27}kg)=3.593\times10^{51}$個。同理，假設地球全部是由目前已知的最重元素——118 號 Oganesson 元素組成，而 Oganesson 元素的質量約為 $4.880\times10^{-25}kg$，那麼，地球的總原子個數為 1.222×10^{49}。由此我們可以看出，地球的原子總數應該在 10 的 50 次方量級上。這是一個十分龐大的數字，龐大到如果一個人 1 秒數 100 個原子，那麼他也需要大約 3 億億億億億年才能數完，要知道宇宙的年齡也不過 137 億年。

22　為什麼只有圓形的泡泡？

當你吹泡泡的時候，無論用什麼泡泡圈，吹出來的泡泡

都是近球形的，這是為什麼呢？從受力方面分析，當泡泡為不規則形狀時，其相鄰的兩點曲率不一樣，則表面張力方向不一樣，根據受力分析，水會向合力的方向流動，最後平衡狀態為相鄰兩點受力一致，曲率一致。推廣到整體，就形成了一個球體形狀。

23 為什麼紅色光和綠色光混在一起可以看到黃色光，而鋼琴上的 do 和 mi 一起按下去卻聽不出 re 來？

這就要從人類的視網膜說起了。

人類的視網膜上有視桿細胞和視錐細胞，其中視錐細胞用於感知強光和負責色覺，視錐細胞有 L、M、S 型三種，分別對紅色（Long，長波）、綠色（Medium，中波）、藍色（Short，短波）敏感。

正是因為有這三種細胞的存在，紅、綠、藍才成為我們人類的三原色。要注意的是，紅、綠、藍之所以是三原色，不是因為物理原因，而是生理原因，如鳥類有四種感知波長的細胞，如果它也像人類一樣感知色彩的話，那它的原色是四種。

紅色光和綠色光混合可以看到黃色光，那是因為這種混合產生的複色光對視錐細胞的刺激和黃色的單色光對視錐細胞的刺激等效。但這兩者本質上是不同的，只是因為人眼的

特性，才使得二者看起來一樣。事實上，黃色的複色光和黃色的單色光的光譜是完全不一樣的。

鋼琴上的 do 和 mi 一起按下去卻聽不出 re，那是因為 do 和 mi 的音混合後和單純 re 的音不等效，人耳是可以分辨出來的。

24 怒髮衝冠可能嗎，畢竟頭髮──特別是長髮──那麼軟？

當人異常憤怒、開心、激動、恐慌的時候，腎上腺激素會大量分泌，頭皮的豎毛肌會馬上收縮，使得毛髮直立，所以，帽子可能會向上衝。

另外，當你摸范德格拉夫起電機（Van de Graaff generator，即靜電球）時，假設你醉心科研多年沒洗頭且頭禿得只有兩根鋼鐵般硬的頭髮（當然還是導體），你的帽子是完美的絕緣體且完美地在頭髮上保持平衡，重量為 100g，你的頭髮長度為 10cm，為了方便計算，再次假設你在真空中，電子為了能夠使帽子「衝」起來，自發聚集到頭髮的兩側，而兩根頭髮以頭頂為中心呈對稱分佈（忽略頭髮自身的重力），此時，利用庫侖定律可知：

$$F=\frac{1}{4\pi\varepsilon_0}\frac{Q^2}{r^2}$$

要想使冠「衝」起來，Q 大概為 10^{-5} 的量級，考慮到電流的換算，除以時間，電流為不到 0.1mA（毫安培），屬於安全接觸電流範圍，所以，「怒髮衝冠」是可能實現的。

25 影子可不可以是彩色的？

影子可以是彩色的，這需要利用三原色光的原理。

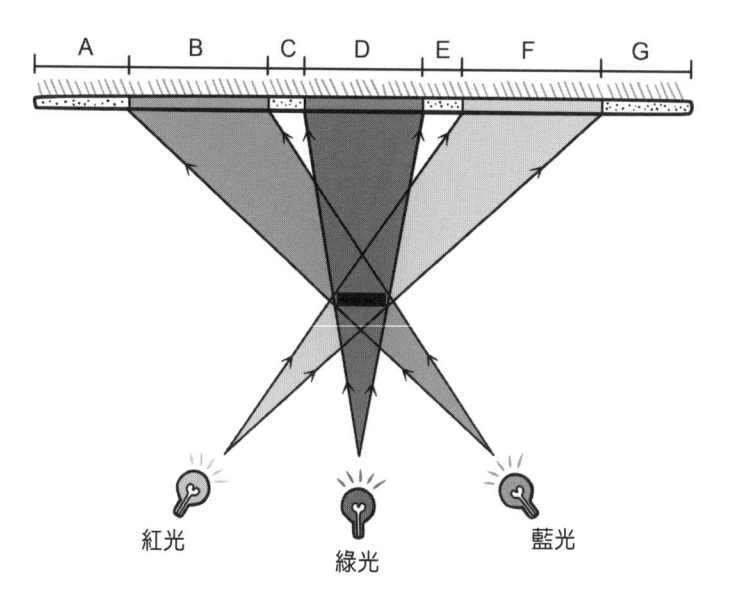

如上圖所示，為了簡化，將物體抽象成了一條線段，紅、綠、藍三個光源抽象成了點光源。從圖中可以看到，

A、C、E、G 四個區域能被三個點光源照射到，是白色的，而 B、D、F 分別是藍、綠、紅三個光源的陰影區。B 區缺少藍光，但可以被紅光源和綠光源照射到，根據三原色的成色模式，紅光和綠光疊加是黃光，因此 B 區是黃色的。同理，D、F 區分別是洋紅、青色的。如果要獲得色彩更豐富的影子，可以將圖中紅、綠、藍三個光源相互靠近一點，使各自陰影區相互重疊（這樣可以得到紅、綠、藍三種顏色的影子），另外，還可以改變光源的強度。

26 火焰導電嗎？

要想讓某個物體導電就要讓它內部存在足夠多的自由電子，這樣在電場的驅動下才能產生電流。火焰具有較高的溫度，高溫會增加粒子的動能，使電子脫離氣體分子的束縛變成自由電子，整個火焰變成電漿。因此，當火焰溫度足夠高時，火焰是可以導電的。

我們可以利用火焰導電特性和火焰自身性質相關的特點對火焰的燃燒情況進行監測。比如，可以把一根金屬電極插入火焰中，在外加電壓的作用下，在噴嘴火焰中產生電流，檢測電流的有無就可以判斷火焰是否熄滅。

27 人類若同步同向走路，能否擾亂地球的自轉？

顯然這個問題無法透過做實驗來解決，那麼我們只能透過設定一些理想的條件來計算這個問題了。

假設地球是一個剛體且有 70 億人，人均體重 50kg，又假設所有人都從赤道往一個方向以 5km/h 的速率順著地球自轉方向行走（假設赤道上能站得下這麼多人）。另外，還要假設地球質量分佈均勻且為完美的球形。地球質量為 5.965×10^{24}kg，半徑為 6400km。那麼當人開始走動時，由人組成的環繞赤道的環（後面簡稱「環」）開始轉動，所以它需要從地球中獲取角動量，這樣地球損失角動量導致角速度降低。具體降低多少可以透過計算得到：環的轉動慣量是 1.43×10^{25}kg・m^2，地球的轉動慣量是 9.77×10^{37}kg・m^2，根據角動量守恆可以看到，地球角速度的變化率約為 1/10000000000000，雖然地球的自轉角速度確實變化了，但是你說它幾乎沒變化也沒什麼問題。

28 為什麼粉筆大多數時候掉到地上總是會摔成兩半呢？

「粉筆掉在地上，摔成兩半」的問題和「彎曲義大利麵

時很難得到兩段」的問題有異曲同工之處。雪梨大學的羅德・克羅斯（Rod Cross）教授在 2015 年結合實驗提出了粉筆摔在地上斷裂成幾段的解釋。

首先他選用長度為 78mm、直徑為 11mm 的粉筆，利用高速攝影機發現了粉筆從不同高度摔落到地上的不同現象：在低於 30cm 的高處落下，粉筆一般不會摔斷；在高度為 30～40cm 的高處落下，粉筆一般從中間斷為兩截；在 40～50cm 的高處落下，一般斷為不相等的三截；在高於 50cm 的高度落下，偶爾會斷為不相等的四截。如圖所示。

在粉筆下落的過程中，粉筆的一端先觸及地面，垂直向上反彈，地面對粉筆突然施加一個力矩。如果其速度足夠

大，地面對粉筆施加的力矩會使得粉筆直接斷裂為兩段，斷裂位置一般在接近中心位置的缺陷處。如果其速度尚且不夠大，則不能夠直接斷裂。在粉筆一端觸及地面時，其兩端的速度大小相同，後落地的一端在突然施加的力矩作用下在落地時會得到比先落地一端更大的速度，這個速度如果足夠大，也會使得粉筆斷裂，這便是粉筆斷為兩段的情景。

每次碰撞會伴隨一定的能量損耗，粉筆在較低的高度落下時，就會多次在地面反彈而不發生斷裂；如果粉筆在較高處落下，它首先斷裂為兩段，其次，未觸及地面的一段在下落速度足夠大時很可能斷裂為兩段，這是斷裂為三段的情況；如果其首先斷裂的一段速度也足夠大，當其另一端觸及地面時也可能發生斷裂，這是斷裂為四段的情況。

綜上，特定長度的粉筆落地斷裂的段數與落地高度直接相關，同時其斷裂的方向以及位置也與粉筆的內在缺陷分佈、粉筆落地的傾角直接相關。

至於遇到的經常摔成兩半的情況，是由於場景限制，高度一般不會發生變化，其斷裂的段數對於特定的高度應該是固定的。同時上文提到的具體高度與粉筆材質以及缺陷數量有很大關係，對於具體的粉筆，其對應斷裂高度很有可能不同。

— Part9 —

宇宙篇

01 為什麼宇宙膨脹速度會大於光速？光速不是不可超越的嗎？

宇宙的膨脹並不是指宇宙中不同星系以不同速度運動，導致星系間距離變大，而是空間本身的膨脹。換言之，宇宙膨脹是指空間在膨脹，以致某些星系遠離我們的「速度」超過光速。物體的運動速度上限是光速，可是這個上限對空間膨脹是沒有約束作用的，這並不違反相對論。實際上，星系本身的移動速度只有每秒幾百到幾千公里，遠遠小於光速。

02 根據相對論，我們的宇宙是沒有一個統一的時間的，時間是相對的。那麼我們常說的宇宙年齡 138 億年是怎麼回事？是相對於我們來說的嗎？我們怎麼知道一定有一條類時曲線連接我們和大爆炸？

在廣義相對論下的時空是一個整體，要分別定義宇宙的時間和空間，就需要對宇宙的四維時空進行如右圖所示的 3＋1 維分解，分解為一個三維的空間加上一維的時間。把時空按時間來分層，每一層裡的時間相同，不妨叫作同時面。

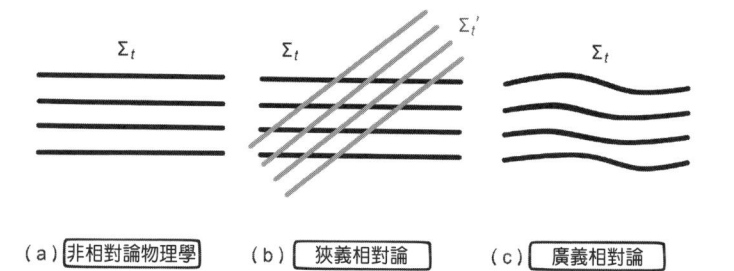

（a） 非相對論物理學　　（b） 狹義相對論　　（c） 廣義相對論

　　如圖（b）所示，狹義相對論可以有比如 $\Sigma t'$ 和 Σt 兩種甚至無數種分層方式，它們都相互等價，因此同時是相對的。在廣義相對論下的宇宙學中，原則上也可以有無數種分層方式，但是因為我們基於宇宙學原理的宇宙學模型只有在一個維度上是演化的，而在另外三個維度上是均勻且各向同性（isotropy）的，把宇宙演化的方向定義為時間的方向，這是一種最方便的分層方式。宇宙的年齡也是在這樣一種唯一的分層方式下定義的，同時面也就唯一確定了，就能定義一個確定的時間，這個時間不是相對於某個觀測者的，而是宇宙演化本身確定的宇宙標準坐標系。不過由於我們的運動速度不大（相對於光速），重力場不強，我們的時間也可以近似等於宇宙標準坐標系的時間。

　　確切地說，這樣的類時曲線不一定是存在的，在十分接近大爆炸起點的時候（普朗克時間 10^{-43}s 以內），我們也不知道發生了什麼，彼時目前的物理定律失效。但在此之後，

存在類時曲線能一直連接到我們現在的世界，比如我們自身在宇宙中所處的位置一直想向前追溯得到的測地線就能夠符合要求。

03 普朗克常數是怎麼得出的？

1900 年普朗克研究黑體輻射問題時，因需要引入了普朗克常數。普朗克假設光場能量是分立的，每份能量的大小是普朗克常數和光頻率的乘積，在這個假設下，普朗克一舉解決了「紫外災難」問題。現在，只要在與量子力學相關的場合，就都可以看到普朗克常數，它已經成為最基本的物理量之一。普朗克常數的具體數值可以透過光電效應實驗測得，光電效應中的能量關係如下：

$$hv = \frac{1}{2}mv_0^2 + A$$

公式左側是普朗克常數和頻率的乘積也就是光子能量，右側第一項是電子出射動能，A 是金屬逸出功。可以看出只要測得電子出射動能關於入射光頻率變化的斜率就可以求出普朗克常數的數值。現在公認的普朗克常數數值是：

$$h = 6.626\,070\,150\,(69) \times 10^{-34} J \cdot s$$

04 什麼是反物質？它為什麼會很貴？它是怎麼形成的？

先提供反粒子的定義：反粒子是相對於正常粒子而言的，它們的質量、壽命、自旋都與正常粒子相同，但是所有的內部相加性量子數（如電荷、重子數、奇異數等）都與正常粒子大小相同、符號相反。有一些粒子的所有內部相加性量子數都為 0，這樣的粒子叫作純中性粒子，反粒子就是它本身，如光子、π^0 介子等。如果反粒子按照通常粒子那樣結合起來就形成了反原子，而由反原子構成的物質就是反物質。例如，一個質子和一個電子可以構成一個普通的氫原子，而一個反質子和一個正電子（電子的反粒子，帶正電，命名上似乎有點讓人混淆）則可以構成一個反氫原子。

至於說為什麼反物質會「很貴」（可能用「稀有」來表述會更好），我們知道在平常物質世界中，幾乎不存在反物質，而要獲得反物質則只能在極端的高能實驗室合成，成本很高，所以它「很貴」。事實上，在我們已知的四種基本相互作用中，除了弱相互作用，其他三種相互作用都是宇稱守恆的（可以簡單理解為正反粒子都是成對出現和湮滅的），而目前已知的宇宙中正反粒子的數量卻是極度不對稱的，正粒子遠多於反粒子，物理學界對此一直沒能提出令人滿意的答案。

05 接收到一束光，我們是如何計算出它是從多少年以前從某個恆星上發出的呢？（最好能用公式解答）

通常我們無法直接得知光傳播的時間，這個問題只能先轉化成天體測距的問題，知道了光「走」了多少距離，再除以光速，就知道傳播的時間了。對於近鄰宇宙來說，可以用三角視差法、分光視差法等方法測得天體的距離，然後除以光速得到這束光傳播的時間。事實上，不同方法測出的距離並不是同一個物理量，它們只是在近鄰宇宙的情況下恰好幾乎相等而已。如果是遙遠宇宙，則需要考慮宇宙膨脹的影響，這些距離、時間並不等同，我們難以直接測得光行距離（就是可以除以光速得到光行時間的距離），而往往是測得角直徑距離、光度距離等。研究遙遠宇宙中的天體可以測定其宇宙學紅移，通俗來講，越大的紅移代表了更遠的距離、更長的光傳播時間。有趣的是，在光傳播的路上，這段距離在不斷增加，所以這裡面談論時間、距離都要涉及坐標系選取的問題。

在這裡僅提出一種情景：此時此刻我們站在地球上，看到宇宙中傳來的一束光，測得它的紅移是 z_0。

$$z_0 = \frac{\lambda_1 - \lambda_0}{\lambda_0}$$

λ_0、λ_1 分別是電磁波發射時和被我們接收時的波長。那

麼在我們看來，這束光傳播的時間（回視時間）是：

$$t=\int_0^{z_0} \frac{d_z}{(1+z)H(z)}$$

其中：

$$H(z)=H_0\sqrt{\Omega_{\Lambda0}+\Omega_{k0}(1+z)^2+\Omega_{m0}(1+z)^3+\Omega_{r0}(1+z)^4}$$

是紅移 z 處的哈伯常數。而 $\Omega_{\Lambda0}$、Ω_{k0}、Ω_{m0}、Ω_{r0} 分別是當今宇宙暗能量、曲率、物質、輻射的組分，根據目前理論模型與實際觀測，可以分別取值 0.73、0、0.27、0。

06 向兩個相反的方向發射雷射，光線走過相同的距離所花的時間是不是不一樣？我這樣想是想測量地球隨宇宙膨脹的速度。

　　根本就不是你想的這樣的啊！宇宙的膨脹是均勻、各向同性的，沒有一個點是中心。就像一個在充氣的氣球，不是說以氣球中心為原點，地球長在球皮上跟著膨脹離中心越來越遠；而是整個宇宙就是球皮，隨著時間演化（充氣），越來越大，上面的任意兩個點之間的距離也越來越遠。所以向相反方向發射雷射，光線走過相同的距離所花的時間是一樣的。但是透過觀測遙遠的星系遠離我們的速度（紅移），我們可以計算宇宙膨脹的速度。

07 重力波是電磁波還是機械波？

　　都不是。這才是愛因斯坦厲害的地方。之前人們只知道電磁波和機械波兩種波，結果愛因斯坦先是說重力可以扭曲空間，又說這種扭曲可以以波的形式傳播，當時有人覺得這是癡人說夢，直到 100 年後我們真的探測到了重力波。

　　機械波波動的是物質，電磁波波動的是電磁場，重力波波動的是空間。做個比喻吧，棋盤就像空間，棋子就像空間中的物質。機械波相當於棋子在棋盤上抖動，以棋盤的格子為參考，哪個棋子在抖一眼就看出來了。而重力波則是棋盤在抖動，棋子是釘在棋盤上的，棋子跟著棋盤抖動，作為處在棋盤上的棋子，兩個棋子之間的間隔始終是一個格子，根本看不出有什麼變化；也就是說重力波來了以後空間變大或變小，棋子也一樣在變大變小，連尺都在一起變大變小，這個過程中你儘管拿尺量，永遠感受不到距離變化，這個距離叫共動距離。但是光能感到變化！光走的是固有距離，就像我們現在站在上帝視角看這個棋盤，棋盤格子的伸縮是看得出來的。所以美國雷射干涉儀重力波天文台（Laser Interferometer Gravitational-Wave Observatory, LIGO）用的就是比較兩束光走過距離的長短來替代普通的尺，最終測量出重力波。

08 光子不是有質量嗎，那是不是我用一個凸透鏡把一束光彙聚在極小的一點上可以製造出一個黑洞？

　　讓我們從凸透鏡的角度分析一下這個問題。回想一下在太陽底下玩放大鏡的時候，光會聚集在焦點處形成一個很亮的點，可以把紙點燃。現在，仔細回想一下，那個所謂的亮點有多大？事實上它並不是一個點，而是一個比較小的光斑。由於有球差的存在，即便是平行光，在透過透鏡後也只會聚焦形成一個光斑，而不是一個點。因此可以想像，當透鏡非常非常大時，即便認為太陽光是平行的，光匯聚過來之後也不會是一個密度極大的點，而是一個大大的光斑。

　　現在讓我們再從黑洞的角度來分析這個問題。我們知道，當物體的質量不變時，如果其體積越小則密度越大。對一個質量確定的物體來說，不斷壓縮將導致其密度越來越大，最終成為黑洞，而在這一過程中存在一個臨界半徑，即史瓦西半徑（Schwarzschild radius）。當物體的實際半徑小於其史瓦西半徑時，它就變成黑洞了。假設存在一個非常大的凸透鏡，可以匯聚太陽發出的一半光。讓我們來高估一下這個問題，認為太陽每秒鐘釋放的能量全部都以光的形式發出去了。太陽每秒釋放的能量為 3.8×10^{26}J，根據愛因斯坦質能方程 $E = mc^2$ 可以知道這些光子加起來的質量有 4.2×10^9kg。

史瓦西半徑的計算公式為：$R_s = \dfrac{2GM}{c^2}$

代入數據之後，可以解出這些光子如果要形成黑洞，其史瓦西半徑須為 6.2×10^{-17}m。顯然，當你用放大鏡匯聚光線時，那個光斑的半徑都要遠大於這個值。6.2×10^{-17}m 是什麼概念呢？氫原子中電子繞原子核運動的半徑（即波耳半徑）為 5.3×10^{-11}m。

如果真的製造出一個完美成像的透鏡，那麼光在透過這麼大的透鏡時會損失很多能量，其次在透鏡內部光線逐漸匯聚，溫度逐漸升高，還沒穿過透鏡就會把透鏡燒毀……

09 為什麼重核融合到鐵就結束了？

要回答這個問題就必須亮出右邊這張「比結合能曲線圖」了。

先解釋一下什麼是比結合能吧。所謂結合能，就是孤立的核子（中子、質子）結合成一個原子核所放出的能量，即把一個原子核拆解成單個的核子所需要的能量。比結合能就是結合能除以原子核內的核子數。

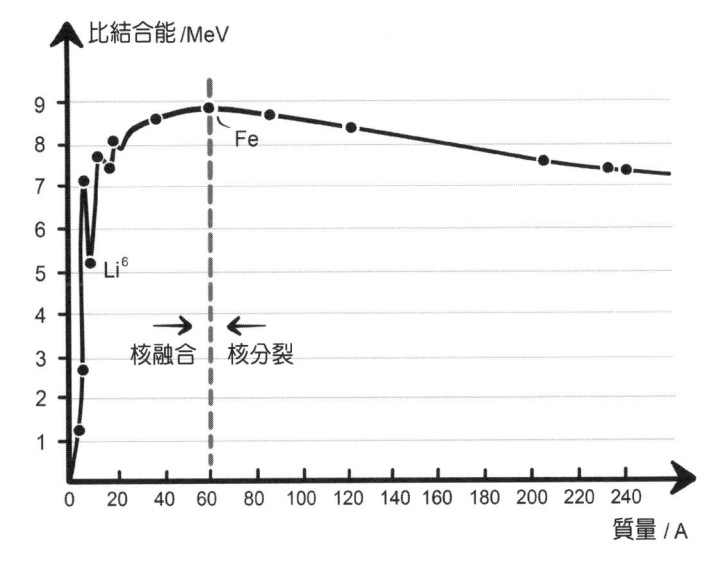

　　從這裡大家就能發現，比結合能和化學領域中的鍵能的
概念很相似。鍵能越大，說明這種化學鍵越牢固，要破壞化
學鍵所需要的能量就越大。比結合能也有類似的特點，鐵具
有最大的比結合能，因此鐵核是最穩定的。其他核若融合形
成鐵核，是釋放能量的反應，但鐵核融合則是吸收能量而不
是釋放能量了，因此說重核融合到鐵就結束了。

10 太陽的熱量會在億億億……年後散發殆盡嗎？

恆星的命運基本上由其質量決定（還會受恆星自轉、成分、磁場、在密近雙星中的地位等因素影響），一個是質量越大的恆星燃燒越快，壽命越短（我沒說人喲），另一個是恆星的質量也決定了恆星的最終歸宿。

恆星的內部進行的是核融合反應，產生大量能量，其輻射壓抵抗了恆星自重力（self-gravitation），使其不會在自重力下塌縮。恆星質量不夠大的話，氫融合至氦就終止了。質量足夠大的恆星有足夠大的壓力使氦被加溫點燃融合成碳，再大質量的恆星可以使碳點燃融合成氧，最後是氧融合成鐵，到這裡恆星核融合的本事就到頭了。

質量較小的恆星年老的時候，核融合能力下降，輻射壓不足以抵抗自重力，恆星開始從核心塌縮，外殼冷卻膨脹，變成紅巨星（或紅超巨星）。在最後的負隅頑抗之後，紅巨星會爆發，把核心外的物質拋掉，被吹散的外殼形成行星狀星雲，而剩餘的核心質量小的變成白矮星，逐漸冷卻至黑矮星；質量大一點的恆星其自重力壓力可以戰勝電子簡併壓，變成中子星；質量更大的恆星，其壓力可以進一步戰勝中子簡併壓，形成黑洞。

太陽目前是一顆 G2V 型主序星，已經燃燒了 46 億年，

預計還可以繼續燃燒 50 億年。以太陽的質量，它最終會走
白矮星這一條路。

11 黑洞因其強大的重力致使光都無法逃逸，那為什麼 黑洞還能發出 X 射線？難道說 X 射線的運動速度 超過光速？

　　這是因為 X 射線不是從黑洞內部逃出的，而是從黑洞周
圍的吸積盤中發出的。

　　黑洞具有很強的重力，彌散在宇宙中的氣體和塵埃會被
黑洞的強重力場吸引，逐漸落入黑洞中，因為通常被黑洞吸
收的物質具有一定的角動量，所以會旋進式地落入黑洞，在
黑洞的周圍形成一個盤狀的結構，叫作吸積盤。在物質落入
黑洞的過程中，一方面重力對它做功；另一方面由於吸積盤
不同半徑處旋轉速度不同（越靠裡速度越大），從而產生摩
擦力。這兩方面的作用使得落入的氣體被加熱到很高的溫
度，進而放出電磁輻射。放出的輻射的頻率由吸收它們的中
心天體所決定。對於黑洞這種緻密天體而言，輻射出的通常
是 X 射線。因為發出 X 射線的吸積盤實際上位於黑洞的視
界外部，所以 X 射線能被觀測到就不足為奇了。

　　廣義相對論預言的黑洞神秘而又有趣，但在天體物理中
探測黑洞的存在卻是不容易的。因為黑洞的吸積盤釋放的 X

射線可以被觀測到，所以 X 射線也是搜尋宇宙中黑洞的蹤跡的絕佳線索。實際上，天文學家們也正是透過對 X 射線的分析，來從浩渺的宇宙中尋找黑洞的。

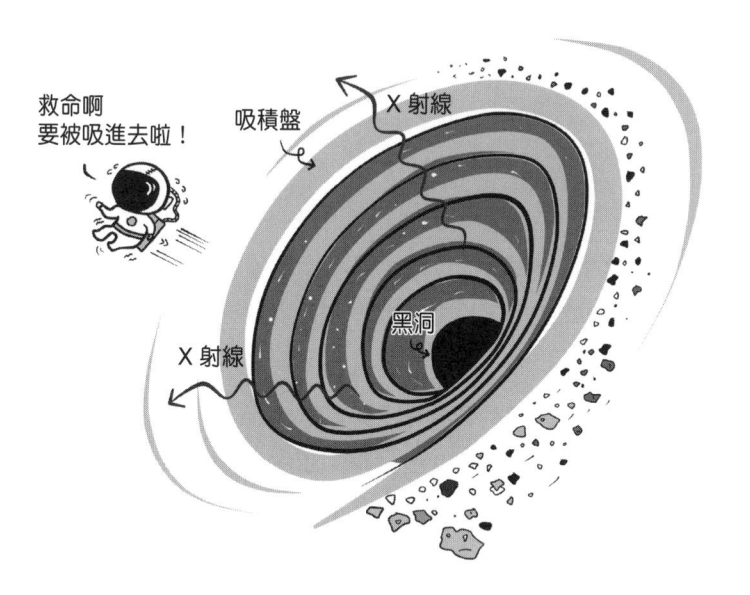

12 黑洞的背後是什麼？它吸了那麼多東西，都到哪裡去了？

黑洞也有不同品種，這裡我們只討論最理想最簡單的黑洞──史瓦西黑洞。結論是這個黑洞吸入的東西去了黑洞的奇異點（singularity）。

什麼是奇異點？這就涉及知識盲區了。

一般的科普書都會提供一個叫共形圖（Penrose diagram）的東西，根據這個國際慣例，在這裡提供史瓦西黑洞的共形圖（見下圖）。

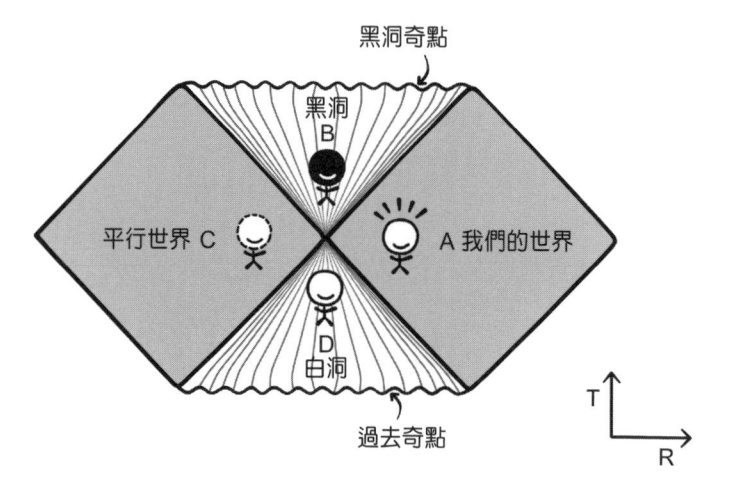

其中 A 區域表示黑洞視界外我們生活的世界；B 區域表示黑洞視界內部，其最上邊的線表示黑洞的奇異點；C 區域表示另一個漸進平坦時空，與我們的世界沒有聯繫；D 區域是白洞，其最下面的線表示過去奇異點。C 和 D 區域就比較抽象，不過沒關係，接下來的討論只涉及 A 和 B 區域。

圖中縱軸是時間，橫軸是空間，並且仍然遵守閔氏時空（Minkowski spacetime）的光錐坐標系，即物質只能在上光錐中傳播，如我們發現 A 區域的東西可以進入 B 區域也可以

不進入。A 區域的東西如果進入 B 區域，B 區域中所有的東西最終的宿命就是落入奇異點。

值得一提的是，我們這裡只是討論了史瓦西黑洞，也存在其他黑洞比如克爾黑洞（Kerr black hole），如果掉進這個黑洞裡面，可以選擇從黑洞裡出來而不是掉進奇異點。

13 如何在不使用微積分原理的條件下，跟小朋友解釋地面為什麼是平的而地球是圓的？

在紙上畫幾個大小不一樣的圓，然後做圓的割線，如下圖所示。

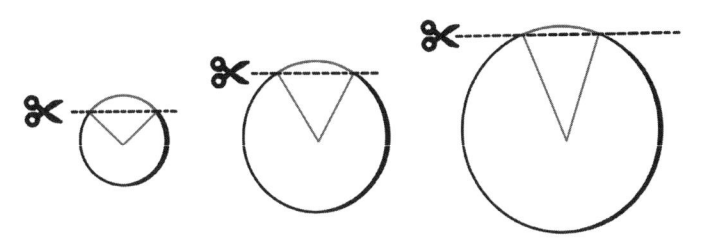

給小朋友展示線段上方的圓弧，讓他再畫更大的圓，然後再畫割線得出同樣的圓弧。可以發現，當圓畫得非常大時，上方的弧線弧度已經很小了，會越來越接近「平地」。而我們的地球非常非常大，因此我們站著的地方就是平地了。

14 太陽系為啥是扁平的，有可能是立體的嗎？

實際上不止太陽系，很多恆星系統包括星系、黑洞吸積盤、土星的圓環都是扁平的。這是為什麼呢？讓我們來看一下太陽系形成之初發生了什麼。根據現有的理論，太陽系形成於 46 億年之前。在那之前，太陽系是一團星雲，星雲裡面的物質由於重力作用會相互吸引、相互碰撞然後凝聚在一起，那為什麼大部分行星幾乎都運行在同一平面上呢？這主要是因為我們生活的空間是一個三維空間。

在三維空間中，一團物質因為重力作用運動和轉圈的時

候，把它們作為一個整體考慮，就是繞著質心在旋轉，垂直於旋轉軸的那個平面上下的物質由於碰撞向上和向下的動量抵消了，只剩下平面內的動量，最後表現為所有行星都幾乎在同一個平面內運動。實際上根據數學計算，在四維空間中，物質可以繞兩個相互獨立的軸旋轉，就沒有上下的動量相互抵消了，最後星系團就會保持星系團的形狀，但是那對於生活在三維空間中的我們就是難以想像的了。

15 為什麼月亮跟著我走？

我們都有這樣的體會，當我們走夜路的時候，一邊走一邊盯著月亮看，仿佛它是跟著我們在走的。甚至當我們開車的時候它也是以同一個速度在跟著我們，這是為什麼呢？這其實是視差在作怪。那什麼是視差呢？簡單來說，就是離我們越遠的物體，它的運動越不明顯。比如我們在走路的時候，看到周圍的物體角度在明顯地變化，我們由此判斷出自己在運動，而周圍的事物是靜止的。這個時候我們去看月亮，由於月亮距離我們非常遠，導致我們看月亮的角度變化並不大，就會造成我們相對月亮沒有運動的錯覺。其實諺語裡邊說的「望山跑死馬」也是這個道理。我們對地月距離的「感知」是非常薄弱的，包括太陽和其他行星也是同樣的道

理，當我們在走的時候也會覺得它們在「跟」著我們。

　　視差有一個重要的作用就是在天文上測量天體與我們之間的距離，當地球隨著太陽轉動的時候，我們在夏天和冬天看到的天空是有變化的，而離我們越遠的天體變化就越小。如果把地球在冬天和夏天的位置的連線看作一段圓弧，那麼這段弧長除以冬天和夏天遠處天體的角度的變化，就大致等於地球到天體之間的距離。

16 月球能夠用萬有引力吸引它地面上的塵土，那麼為什麼它不能吸引空氣分子，反而是真空呢？

　　因為月球質量太小了，產生不了足夠將氣體分子束縛在月球周圍的重力，所以月球上幾乎沒有空氣。那為什麼它能束縛表面的塵土呢？因為塵土的運動速度遠遠小於氣體分子。

　　當然，行星表面能否形成大氣層不僅與行星的質量有關，跟行星表面的溫度也有很大關係，我們都知道氣體的速度分佈是遵守馬克士威分佈的，有相當一部分氣體分子的運動速度非常快，而且相對分子質量越小的氣體高速的分子越多，就越容易逃逸，所以地球大氣層中氫氣和氦氣量非常少。當氣體接近行星表層的時候，頻繁地碰撞使得分子難以逃逸，但是在更高的地方，分子的碰撞很少，速度高於行星

逃逸速度（對於月球大約是 2.5km/s，很明顯，很少有塵土會達到這個速度）。而逃逸速度主要跟行星的質量有關，對於地球，這個速度是 11.2km/s。那為什麼一些其他的質量跟月球接近的衛星（如土衛六，質量大約為月球的兩倍）表面也有大氣層呢？主要是因為土衛六與太陽的距離更遠，表面溫度更低，表面的氣體分子更不容易逃逸也更不容易被太陽風吹走。

 17 為什麼有時候月亮看起來是銀白色的，有時候是橘黃色的呢？

月球發光事實上是反射的太陽光，太陽光在可見波段是連續譜，繼而被人眼所見為白色（不懂的同學可以理解為七色光，七種顏色疊在一起就是白色光）。一個物體如果只（主要）反射某種色光，那它就體現為什麼顏色，如樹葉反射綠色光為綠色，牆反射可見波段所有光所以為白色，墨水幾乎不反射可見光所以為黑色。月球也幾乎無偏向地反射所有可見光，故而為灰白色，而月球上明顯暗淡的「月海」實際上是月球上的一種富含錳元素的玄武岩，對光的反射弱一些，呈現更暗淡的顏色。

月球反射的光要被我們看到還需要穿越大氣層。首先要說明天空為什麼是藍色的，因為大氣會散射藍色光，太陽光

中的藍色光被散射得漫天都是，故而天空是藍色的。當太陽在地平線附近時，太陽光需要穿過的大氣層更厚，藍色光被散射更嚴重，所以顏色更紅一些，而正當午則偏黃白。月球也是如此，貼近地平線時，月球表現為橙色；在天空高處時，顏色變白。空氣越澄澈，月球越白（散射不嚴重），否則就發黃。月全食時，月球躲入地球的影子，無法被太陽光照射到，但其實仍有部分太陽光經過地球大氣的折射到達月球，而這一部分光也經歷了地球大氣的嚴重散射，故而偏紅，所以月全食時看到的是昏暗的血月。

18 月球總是正面朝向地球，那麼其正面的坑是怎麼形成的呢？

這位朋友的問題非常好，我們先來瞭解一下這個問題的背景。月球表面的坑是被隕石砸中形成的，月球由於潮汐鎖定，長期以一面面向地球，故而有正反面之分。月球的背面有更多的隕石坑，而正面卻更為平坦，這是因為月球正面受到地球的保護。那麼地球對月球的保護作用有多大呢？

地球的平均半徑為 6373km，是月球半徑的 4 倍，而地月間的平均距離是 38 萬 km，也就是中間可塞滿 30 個地球。地球作為月球的盾牌只能遮擋一個很小的角度，約為 2°。另外，隕石不是從遠處像子彈一樣直線射過來的，而是

會在地球、月球的重力場中進行曲線運動。從地球方向射向月球的隕石大多會受地球的重力而偏離，而偏折角度的大小與隕石原軌道和地球之間的距離、隕石和地球之間的相對速度有關，軌道高度一定時，相對速度越小角度偏離越大，相對速度太小的甚至會反向被地球捕獲與地球相撞。（但大部分小隕石在大氣層中燃燒殆盡，不會撞到地面上，這種情況就不能稱為隕石了）

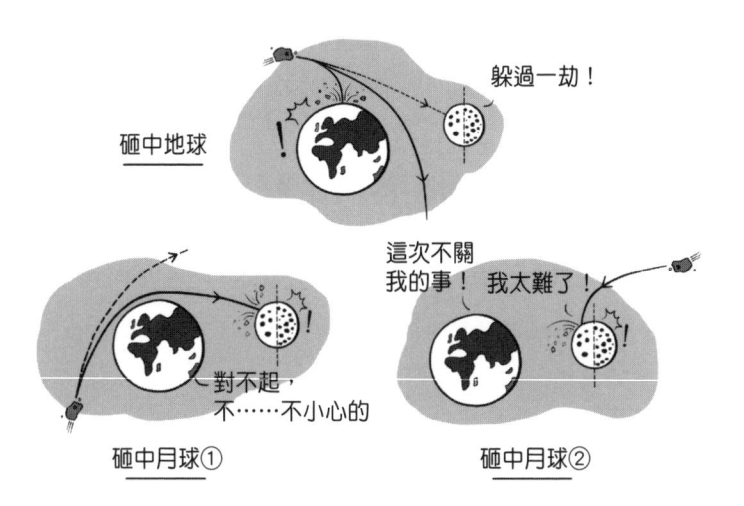

接下來要回答問題了！既然地球的保護這麼到位，那麼為什麼月球正面還是「挨打」了呢？大概有兩種情況，一種是地球可能會把本來沒有瞄準月球的隕石偏折到射向月球的軌道。另一種就是背面來的隕石在月球引力下經過軌道的偏折反而在正面撞擊。（見上圖）

宇
宙
篇

Part10 ——
學習篇

01 什麼是非牛頓流體？有什麼用？

　　我們經常在一些節目裡邊看到人在一個裝滿液體的池子裡快速奔跑，參與者的速度稍慢，就會陷下去，掉入池子裡，但是他們跑得比較快的時候，卻感覺像在平地上奔跑。這是怎麼回事呢？實際上，池子裡裝的是非牛頓流體中的一種，叫作膨脹型流體。這種流體的黏性會隨著剪切速率（shear rate）增大而快速增大，也就是「遇強則強」。當液體遇到一個非常快的外部的打擊的時候，它的黏度會突然增加變得像固體一樣，所以能夠支撐起來人的重量，使人不掉到池子裡去。太白粉溶液（這裡的太白粉指生的馬鈴薯粉）就是這種典型的膨脹型流體，有節目演示過用槌子去砸太白粉溶液，並不能砸下去，但是如果將手緩慢放入太白粉溶液的時候又感覺沒有阻力。由於這種優良的性質，膨脹型液體被用來做防彈衣。常見的膨脹型流體還包括麵粉溶液、泥漿等。

　　當然除了膨脹型流體還有黏性隨著剪切速率增大而變大不明顯的液體，叫作假塑性流體，這種液體攪拌速度越快，越省力，它會有威森堡效應（Weissenberg effect）、開口虹吸現象、熔體破裂（melt fracture）、巴勒斯效應（Barus effect）等有趣的現象。還有另外一種叫賓漢流體（Bingham fluid），它的性質為在某個範圍的作用力下，不會發生形變和流動，只有當外力達到一定值之後它才會發生形變和流動。比如我們常見的牙膏，也是一種非牛頓流體。

02 什麼是虹吸現象？它的原理是什麼？

狹義的虹吸現象指將液體充滿一根「U」形的管後，將開口高的一端置於裝滿液體的容器中，容器內的液體會持續透過虹吸管從開口低的位置流出，如下圖所示，液體克服重力上升的過程中沒有任何「泵」的作用。

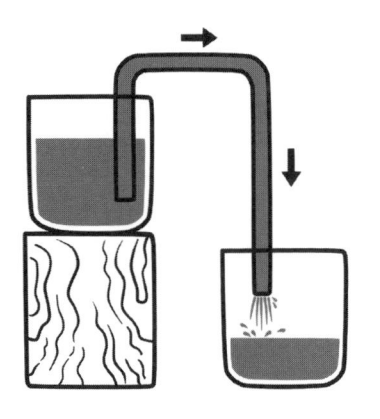

古典的理論認為：液體在重力的作用下從出口流出時，會在虹吸管的最高處產生真空，形成負壓，左邊的液體在大

氣壓和該負壓之間壓力差的作用下上升，進入虹吸管，持續不斷地從容器中透過虹吸管流出，其中，大氣壓起著重要的作用，對應虹吸管高度有著一個極限值。但是實驗發現，虹吸現象也可以在真空中發生，據此提出了類似於鏈式模型的「內聚力學說」。

03 如何簡要證明阿基米德浮力定律？（最好不要用到高等數學）

　　既然高等數學是用來處理變化的東西的，那我們就先讓東西不變化以適應初等數學。我們拿一個長為 L、底面積為 A 的立方體垂直浸入水中（沒有比這個更簡單的情景了）。我們不妨假定現在知道了國中的物理知識：水中的壓力與深度呈正比 $p=\rho gh$，先看立方體前後左右四面的受力情況：這四個面不用數學計算（否則又得積分），利用對稱性可知，前後和左右面顯然都受到大小相同且方向相反的一對互相抵消的力，所以這四個面上的受力抵消了。

　　現在看立方體上下兩個面，如果上面浸入的深度為 H，那麼上面會受到水向下的壓力 ρgHA，而下面所在的深度則是 $H+L$，受到向上的力 $\rho g(H+L)A$，那麼，這兩個力互相抵消之後剩餘向上的力 ρgLA，也就體現為浮力。現在我們來看看阿基米德原理是怎麼描述的：物體所受浮力等於排開液

體的重力。排開了多重的水呢？排開了體積為 LA、密度為 ρ 的水，其重力為 $\rho LA g$。

阿基米德

$F_1 = \rho g H A$
$F_2 = \rho g (H+L) A$

04 游標卡尺的工作原理是什麼？

游標卡尺由主尺和附在主尺上能滑動的游標兩部分構成。主尺一般以公釐為單位，即一格刻度對應 1mm，而游標上則有 10、20 或 50 個分格。以 10 分格為例，其 10 個分格加起來一共是 9mm，即每一個刻度對應著 0.9mm。

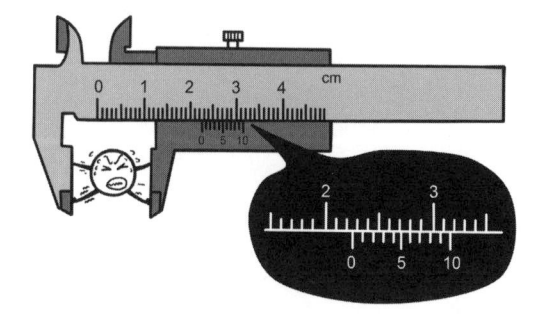

　　如上圖所示，被測小球的直徑實際長度是游標的刻度 0 所指的位置。但這一位置位於主尺的兩個刻度之間，即其直徑為 2.2～2.3cm，只能精確到 1mm。十分度的遊標卡尺可以提供 0.1mm 的精度。讀數時先讀出 0 刻度左側的數值，然後再看游標第幾條刻度與主尺刻度重合，乘以 0.1mm 加到主尺度數上即可。

　　假如游標的 0 刻度正好處於 2.2cm 的位置，則游標的刻度 10 正好位於 3.1cm 處，因為游標的刻度之間間距為 0.9mm，此時前 9 個刻度都不會與主尺的刻度重合。對第一刻度來說，其位於 2.3cm 左側 1mm－0.9mm＝0.1mm 處，因此當游標的 0 刻度往右移動 0.1mm 時，其第一條刻度便與主尺重合了，此時測量的長度便是 2.2cm＋0.1mm＝2.21cm。而當 0 刻度往右移動 0.2mm 時，刻度 1 跑到了 2.2cm 右側 0.1mm 處，但此時刻度 2 正好與主尺刻度重合，因此測量的長度便是 2.2cm＋0.2mm＝2.22cm，以此類推。

05 地球軌道上，衛星中的設備是處於失重狀態的，那
麼電機帶動的轉盤是不是不需要考慮其轉動慣量了
呢？是不是說轉盤的轉動慣量近似為零呢？

物體的轉動慣量既和它的質量有關，也和它的質量的幾
何分佈有關。

兩者不論是在地球上還是在失重環境下都是客觀存在
的。所以在失重狀態下，轉盤也是具有轉動慣量的。我們從
質量入手來分析一下直覺上的錯誤。我們可能認為在失重狀
態下物體不受力也可以飄起來，所以物體沒有質量。其實不
然，物體的質量是物體自身保持自己運動狀態對抗外界干擾
的屬性。雖然失重狀態下物體可以自己飄起來，但是你想讓
它改變運動狀態還是需要對它施加外力的，而且它的加速度
和在地球上一樣滿足 $F=ma$。而在地球上物體需要外力才能
飄起來的原因是物體時刻受到重力的作用，只有施加外力抵
消掉重力才能讓物體飄起來。對於轉動慣量也是一樣的，轉
動慣量可以看作物體維持自身角動量的屬性，想要改變轉盤
的角動量，一定要給轉盤施加力矩才行。正是因為這個特
性，陀螺儀才有指示方向的功能。

06 真空的意思到底是什麼？真的是什麼也沒有嗎？

一般情況下，在實驗室中定義的真空，籠統來說，只要是低於大氣壓就可以算作真空。但是，低於大氣壓的狀態有很多，所以我們對真空進行分級。其中，低真空的壓力為 $10^5 \sim 10^2$Pa；中真空的壓力為 $10^2 \sim 10^{-1}$Pa；高真空的壓力為 $10^{-1} \sim 10^{-5}$Pa；超高真空的壓力小於 10^{-5}Pa。

隨著人們越來越多地利用一些精密儀器，不論是用來生長材料、顯微觀測還是能譜測量等，都對真空環境有非常大的要求。其原因就是真空並不是什麼都沒有！不論人們利用何種泵來獲得真空環境，真空中都會有雜質分子。其區別就是，在生長或觀測的樣品上，幾分鐘就沉積一層雜質分子和幾小時沉積一層雜質分子的區別。

真空的定義可以有好幾個層面，在量子力學或場論中，真空是哈密頓函數（Hamiltonian）處於基態的一種狀態。

07 什麼是最速曲線？原理是什麼？

最速曲線，從字面上理解，就是「速度」最快的曲線，這裡的「速度」是指平均速度、瞬時速度，抑或是速率。物

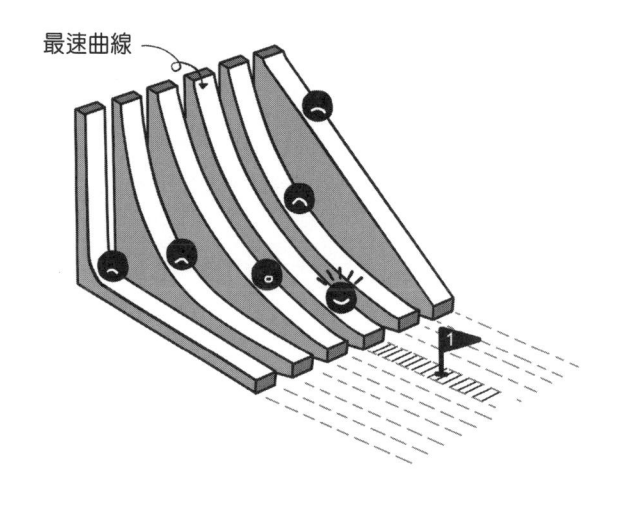

最速曲線

理上有一個著名的「最速降線問題」。垂直平面內，不在同
一鉛垂線上的兩個固定點之間的許多條曲線路徑中，能使質
點以最短的時間從高位置點到低位置點自由落下的那條曲
線，稱為最速降線，是一條旋輪線。

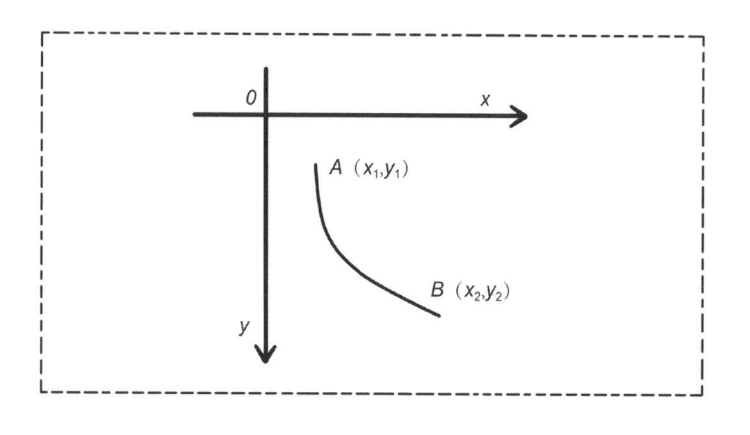

如圖所示，A 點座標（x_1, y_1），B 點座標（x_2, y_2），質點從 A 點沿曲線無摩擦下滑到 B 點，我們以 A 點同時作為零位能點和座標原點，質點（$x，y$）代表其運動軌跡，根據能量守恆定律，不難得出質點下滑的暫態速率為：

$$mgy = \frac{1}{2}mv^2 \rightarrow v = \sqrt{2gy}$$

利用弧長公式得到下滑的總時間為：

$$t = \int_{AB} \frac{ds}{v} = \int_{x_1}^{x_2} \frac{\sqrt{1+y'^2}}{2gy} dx = \int_{x_1}^{x_2} F(y, y')dx$$

下面需要對時間求極值，以得到最短時間對應的 y 的方程，利用歐拉方程求解，最後得到：

$$\begin{cases} x = \dfrac{a}{2}(\varphi - \sin\varphi) \\[2mm] y = \dfrac{a}{2}(1 - \cos\varphi) \end{cases}, a 為常數$$

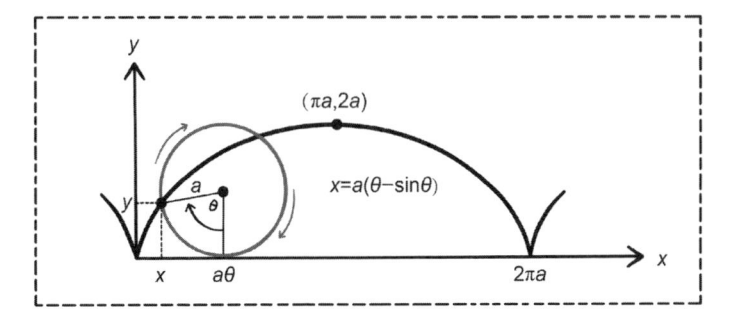

此參數方程對應的旋輪線即為「最速曲線」。關於歐拉方程的詳細求解，可以參考盧聖治主編的《理論力學基本教程》（第二版）180～187頁。

08 為什麼物體加速度的大小跟物體質量成反比？

一般我們接觸到的情況是提供力和質量，求加速度，用到的公式是 $F = ma$。從公式可以看出，當力大小不變時，物體加速度大小和質量成反比。但要真正解答這個問題需要知道力和質量是如何定義的。我們把討論限制在牛頓力學的範圍內，以下討論提到的加速度均指質心加速度。首先讓我們忘掉關於牛頓第二、第三定律的知識，從頭開始瞭解力和質量：以物塊相互碰撞的情況為例，假設我們所掌握的技能只有測量物塊的位置和時間（利用量尺和鐘錶就能做到這一點，顯然這不需要任何關於力學的知識），就可以計算物塊的速度和加速度。

下面我們讓物塊 A 和 B 相互碰撞並測量它們的加速度。你會發現，無論 A 和 B 怎樣相碰，它們的加速度總是方向相反且大小之比是 $a_A/a_B = x_1$；接下來讓 A 和 C 相撞得到：$a_A/a_C = x_2$；同樣有 $a_B/a_C = x_3$ 且 $x_3 = x_2/x_1$。其中 x_1、x_2、x_3 都是常數，不隨碰撞的形式而改變。這些都是透過實驗直

接得出的結論，可以當作自然界自身的性質。只要我們將任意一個物塊和 A 碰撞過程中的加速度之比記錄下來，就可以計算任意兩個物塊碰撞過程中的加速度之比。所以，兩個物體碰撞過程中加速度之比只和物塊自身的某個性質有關，而與碰撞方式無關。我們把這個性質定義為質量 m，它的數值定義為兩個物體的質量之比是加速度之比的倒數（定義1）：$m_A/m_B = a_B/a_A$。如果將 A 的質量定義為單位質量，那麼透過測量與 A 碰撞時的加速度可以測量其他任何物塊的質量。同樣，可以把加速度和質量的乘積定義為力 $F = ma$，這就是牛頓第二定律。我們還能發現，碰撞過程中兩個物體所受的力大小相等、方向相反，這就是牛頓第三定律。透過上面的分析可以看出，與其說加速度大小和質量大小成反比，不如說質量定義為加速度的反比。

讀者可能還有疑問：從上面的分析看，質量還可以有其他的定義方式，如質量之比等於加速度反比的平方（定義2）。為什麼非要選加速度的反比？其實，按照定義 2 的方法也可以建立力學系統。但是真正應用的時候會非常複雜混亂。比如，兩個物體的質量之和並不等於將兩個物體看作一個整體的質量，這不符合我們對質量的定義。選擇定義 1 主要是因為它形式簡潔、用法簡單，而且在重力理論中，定義1 得到的慣性質量等於重力質量。

最後提供一道思考題：按照定義 2，兩個質量為 1 的物

體合在一起質量是多少呢？

09 不受外力的轉動的物體的轉動慣量改變時為什麼遵循角動量守恆而不遵循機械能守恆？

首先要明白一點，角動量守恆是一定不受合外力的，因為想要保證系統角動量守恆就要使外力矩為零，顯然不受外力的情形滿足這個要求。但是不受外力並不能保證系統機械能守恆，因為機械能守恆條件是系統裡只有保守力，所以即便系統不受外力，如果系統內包含非保守內力，系統就有可能機械能不守恆。比如，如果不考慮空氣阻力，懸空自行車旋轉的車輪最終也會停止轉動，因為自行車內部的摩擦力會把機械能轉化成熱，機械能自然不再守恆。

10 同是曲線運動，為什麼平拋、斜拋運動加速度不變，而等速率圓周運動就與眾不同？

曲線運動有很多種，其加速度方向由受力方向決定，所以曲線運動的加速度可以朝著任何方向。不同的加速度會形成不同的運動軌跡。題目可能想問的是：同樣是萬有引力（忽略地球自轉、公轉和空氣阻力造成的影響）提供加速度，為什麼平拋和斜拋運動的加速度可以看作一直不變，而

繞地球表面的等速率圓周運動的加速度一直在變？這是因為拋體運動的加速度並不是絕對不變而是近似不變。因為拋體運動的運動範圍比較小，在這個範圍內可以認為重力的方向一直不變。但是嚴格來說，地球表面的拋體運動都是橢圓運動的一部分，加速度是一直指向地心的，所以也在時刻變化。

11 為什麼在碰撞中完全非彈性碰撞動能損失最大？

能量是守恆的，但是能量的形式比較多，動能會轉化為熱能等，因此碰撞的前後動能並不一定相等。而在碰撞的過程中動量是守恆的，也就是說碰撞前的總動量和碰撞後的總動量是相等的。

動量和動能是對應的：$E_k = \dfrac{p^2}{2m}$，式中 E_k 為動能，p 為動量。

如果要求碰撞後的總動能，相當於是在設定了 $p_1 + p_2$ 下求 $\dfrac{p_1^2}{2m_1} + \dfrac{p_2^2}{2m_2}$ 的值。顯然總動能是 p_1 與 p_2 的函數，既然是函數就可能存在極值，而 p_1 與 p_2 的和是一個定值，因此實際上只有一個變數，即如果知道了 p_1，那麼就知道了 p_2，因

此實際上就是一個一元函數求極值的問題。這個函數存在極小值，解出來的 p_1 與 p_2 正好就是完全非彈性碰撞的情況。

12 絕對零度時，分子會停止運動嗎？

以量子力學裡的一維諧振子勢為例，能量 $E=(n+\dfrac{1}{2})$ $\hbar w$，n 最小取到 0，此時 E 始終大於 0。即便是絕對零度，分子仍具有一定的能量，即零點能，因此還是會運動的。

我們知道微觀粒子具有波粒二象性，而波是不可能靜止的。

根據不確定性原理 $\Delta x \Delta p_x \geq \dfrac{\hbar}{2}$，如果微觀粒子靜止，則意味著 $\Delta x = 0$，那麼此時 Δp_x 將趨於無窮大，既然有了動量，那麼自然就是運動著的了。

所以絕對零度時，分子不會停止運動。

13 為什麼降低氣壓液體沸點會降低？

當液體沸騰時，在其內部所形成的氣泡中的飽和蒸氣壓

必須與外界施予的壓力相等，氣泡才有可能長大並上升，也就是說沸點是液體的飽和蒸氣壓等於外界壓力時的溫度。外界氣壓降低之後，液體所需要達到的飽和蒸氣壓也會降低，因此沸點降低。

從微觀角度看，升高溫度會使液體分子熱運動加快，使液體分子更容易從液體中逃逸出去，而逃逸的分子會與大氣中的氣體分子發生碰撞，進而被撞回液體一部分。當大氣壓降低後，氣體分子的密度下降，因此，升高溫度時液體分子更容易逃逸出去。

14 離心力可以消減重力加速度嗎？

地球在自轉，因此地球表面的我們便在做圓周運動，那麼自然就受到向心力，萬有引力提供了向心力。而把向心力這一部分減去之後，就是我們所受到的重力。圓周運動如果保持角速度不變，則半徑越長所需要的向心力越大，因此赤道上重力加速度小，而兩極重力加速度大。

最後說一下離心力和向心力的關係。離心力是在非慣性系中引入的慣性力，使得牛頓定律能夠繼續成立，離心力與向心力大小相同、方向相反。因此離心力越大，重力加速度越小。

15 為什麼玻璃棒這類物體能夠引流？

國中化學中講到，用量筒量液體時要平視液體的凹液面。雖然看起來是液面凹陷下去了，但實際上是和玻璃接觸的液體被吸引過去了，因此間接地形成了凹液面。液體之間存在表面張力，而液體和固體之間也存在作用力。如果固體對液體的吸附能力強，則會形成凹液面；而如果吸附力比液體表面張力小，則形成的是凸液面。從現象來看，就是液體會沿著玻璃壁流下。因此，在傾倒時，液體容易沿著瓶口從瓶外壁流下，必須增大傾斜角以利用液體重力來對抗器皿的吸附力，這種操作伴有一定的危險。當用上玻璃棒時，玻璃會吸附液體，因此液體就順著玻璃棒流下去了。

16 虎克定律只適用於彈簧嗎？

當然不是了！

當你去拉一個彈簧時，你會覺得拉得越開所需要的力越大。回想一下，除了彈簧，是不是還有很多東西也有這個特點？比如橡皮筋……

事實上對於固體材料來說，受到外力之後都可以發生形

變，此時在物體內各部分之間產生相互作用的內力，以抵抗這種外力的作用，並試圖使物體從變形後的位置恢復到變形前的位置，在所考察的截面某一點單位面積上的內力稱為應力（σ），而變形的程度稱為應變（ε）。

$$\varepsilon = \lim_{L \to 0} \left(\frac{\Delta L}{L} \right)$$

在應力低於比例極限（proportional limit）的情況下，固體中的應力 σ 與應變 ε 成正比，即 $\sigma = E\varepsilon$，式中 E 為常數，稱為彈性模量或楊氏模數。E 是材料本身的性質，與材料的宏觀形狀無關。

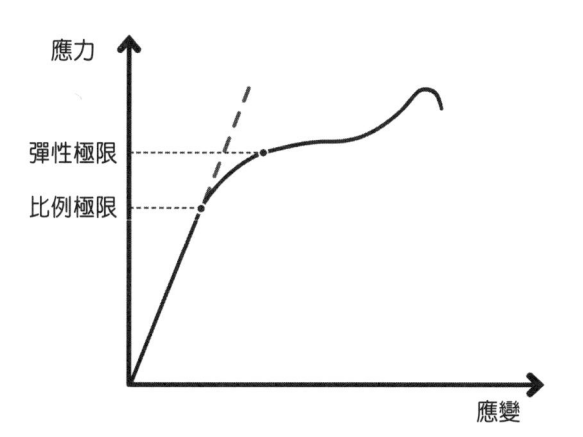

因此對於力 F 來說，有：

$$\frac{F}{S} = E\varepsilon = E\frac{\Delta L}{L}$$

式中 S 為應力作用的面積。

對於彈簧來說，其橫截面的面積 S 在伸長時幾乎不變，而其原長 L 也是確定的。因此把上述的公式變一個寫法，即：

$$F = \frac{ES}{L} \Delta L$$

此時 ES/L 就可以看作常數 k，由於應力和應變的方向相反，因此式子前需要加上負號，這就成了我們熟知的虎克定律。

事實上對於任何材料，只要它在比例極限的範圍內，就符合虎克定律。

17 為什麼水的比熱最大？

首先，我們先提供一個客觀事實，水的比熱〔4.2kJ/（kg・℃）〕雖然大，但不是最大的，如氫氣〔14.3kJ/（kg・℃）〕、氦〔5.0kJ/（kg・℃）〕等都比水的比熱大。

其次，我們從物理概念的角度出發來解決這個問題。比熱，應該定義為單位質量的物質升高 1℃吸收的熱量（這裡是單位質量的物質，而不是單位體積的物質，大家特別注意

一下）。從物理量的定義來看，物質分子量越小，吸收熱量越大，比熱就越大。

水升高溫度吸收熱量大的原因在於氫鍵，一是氫鍵多，二是氫鍵能量大。溫度升高的過程，伴隨著氫鍵解離的過程，直到水達到沸點附近。

當然水的分子量小，也對其比熱大做出了突出的貢獻。如果你仔細去研究一下比熱表，可以發現，許多小分子量物質的比熱都是很大的。

18 為什麼分餾可以用來分離混合液體，難道液體只有在沸騰狀態下才會變成氣體嗎？

分餾是分離幾種不同沸點的混合物的一種方法，實際上就是利用液體沸騰時發生液體—氣體相變進行的多次分餾。這種相變是一級相變，具有相變潛熱，此過程中蒸汽和液體的溫度不會持續上升。透過外接的冷凝管收集該溫度下的蒸汽，將不同沸點成分的液體分離出來，冷凝收集是根據測得蒸汽溫度是否發生變化來判斷是否為同沸點成分的液體。

在液體穩定存在的前提下，液體和氣體的相互轉化在微觀角度上看其實是分子熱運動的結果，分子熱運動是每時每刻都存在的。在封閉系統中，液體和氣體的相互轉化在宏觀上存在一個動態平衡，單位時間內液體轉化為氣體分子的數

量等於氣體轉化為液體分子的數量，轉化的速度與溫度有關，此時氣體的壓力為該溫度下的這種液體飽和蒸氣壓。對於開放系統，由於氣體分子會向外擴散，無法達到動態平衡，液體會持續轉化為氣體，這個過程即為蒸發，蒸發在升溫過程中的任何溫度下都能發生。沸騰實際上是一個劇烈的蒸發過程，但只會在達到沸點後發生，這也是分餾利用沸騰而不利用蒸發來分離液體的原因。

19 焰色反應的根本原理是什麼？

我們把少量金屬樣品或者含有金屬元素的試劑放在無色火焰上灼燒，不同種類的金屬會把火焰變成不同的顏色，這就是焰色反應。之所以出現不同的顏色，是因為不同金屬原子內部的能階不同，能階就是原子中的電子所被允許的能量狀態。

比如，在氫原子中，能量只能是 $-13.6eV$（eV 是一種能量單位）、$-3.4eV$ 等。在不同的金屬中，電子所被允許的狀態也是不同的，利用這個特點我們就可以區分不同的金屬原子。

焰色反應和能階有什麼關係呢？金屬原子在火焰的灼燒下會從低能量狀態轉變到高能量狀態，然後又轉變到低能量

狀態，同時伴隨發光，發光的顏色由兩個不同能量狀態之間的差值決定。

所以，我們可以這麼理解焰色反應：不同的金屬原子具備不同結構的能階，不同的能階結構意味著電子在不同能階之間躍遷時會放出不同能量的光子，不同能量的光子表現為不同顏色的光。所以我們可以用火焰不同的顏色來鑒別原子的種類，這就是焰色反應的本質。

20 鹽水可以降低溶液熔點的原因是什麼？有沒有升高熔點或升高／降低沸點的方法？

要回答這個問題，我們要先來看看水是怎麼結冰的。當溫度降低到冰點以後，水分子開始不那麼「自由」了，相鄰的水分子之間開始形成氫鍵，並自發形成有序的晶體結構，最後形成冰的結構，每個水分子都相對固定地在一個小的區域內振動。

其實這是一個動態平衡的過程，不斷地有水分子脫離這個結構，同時又不斷地有水分子參與進來，形成相對固定的晶體結構。但是鹽的加入打破了這個動態平衡，鹽離子與水分子結合起來，使得參與形成冰結構的水分子變少了，減弱了上述動態平衡的第二個過程，但是當溫度繼續降低，又會重新形成一個新的動態平衡，反映到宏觀上就是熔點降低

了。

　至於提升水的熔點，透過加壓有希望實現，不過需要加到 635MPa，這是 6000 多個大氣壓了，在那以前熔點幾乎不怎麼變。降低氣壓也能提高熔點，但是只能提升 0.01K，實在是太不給力了。還有一種方法就是加特定溶質，如 $CaCl_2$，當 $CaCl_2$ 的質量分數超過 38%以後，熔點就會超過 0℃。

　若提升沸點，加壓就可以了，我們常用的壓力鍋就是透過提升壓力來提高沸點的，降低沸點也可以透過降低壓力來實現，高原地區水的沸點都比較低，所以他們要用壓力鍋。除此之外，在水裡加鹽也可以提高水的沸點，在水裡邊加酒精可以降低水的沸點。

21　如何理解「晶體是空間平移對稱破缺的產物」這句話？（原子位置的週期性破壞了任意平移的不變性）

　首先解釋一下自發對稱性破缺（spontaneous symmetry breaking）的概念：當系統哈密頓量（或拉氏量）具有某種對稱性時，它的基態可能會是簡併的，若系統最終不能處於這些簡併態的疊加態，而是由於漲落，任意選擇其中的一個不具有系統對稱性的態，那麼該系統的自發對稱性破缺了。

理解自發對稱性破缺機制最好的例子就是用 Ising 模型來刻畫磁體的自發磁化問題：我們知道 Ising 模型本身具有一種 Z_2 對稱性，也就是對於將所有自旋翻轉過來這樣的操作，系統會保持不變，所以它的基態有自旋為＋1 和自旋為－1 這兩個簡併態。但是由於熱力學漲落的關係，系統最終只會選擇這兩個態中的其中一個，而不會選擇它們的疊加態。至於原因，簡單來說就是它們的疊加態是一種長程關聯的態，在熱力學極限下會很快退相干，極度不穩定。顯然，無論系統最後選擇的是自旋全部為＋1 還是－1，系統的基態都不再具有 Z_2 對稱性了，如果此時我們測量該系統的磁化強度的話，會發現系統具有自發磁性，而磁化方向取決於系統選擇了哪個態。

同理，晶體相變也一樣：系統哈密頓量包括原子的動能和原子間相互作用兩個部分，前者與原子座標無關，後者只與原子間相對位置有關，因此系統哈密頓量具有連續的平移對稱性（即對於將所有原子向同一個方向移動相同的距離這樣的操作，系統保持不變）。但是同樣由於熱力學漲落，系統的基態是每個原子只會佔據在規定的位置這樣的晶體態，只具有相應的晶格平移對稱性，所以說系統的連續平移自發對稱性破缺了。

22 為什麼氣體溶解度會隨著溫度升高而降低，隨著壓力增大而增大？

　　氣體溶解到液體裡是一個動態平衡的過程，實際上不斷地有氣體分子從液體中逃逸出來，又有氣體分子溶解到液體當中去。當溫度升高時，氣體分子的熱運動加劇，因而更容易從液體表面逃逸出去。而當壓力增大時，相當於是液面外的氣體在擠壓要逃逸出來的氣體，因此就不容易逃逸出來，此時單位時間內進入溶液的氣體分子要比從溶液中逃逸出來的分子多，因而溶解度增大，直到達到新的平衡，即單位時間內進入溶液的氣體分子與從溶液中逃出的氣體分子數相等，此時溶解達到飽和狀態。

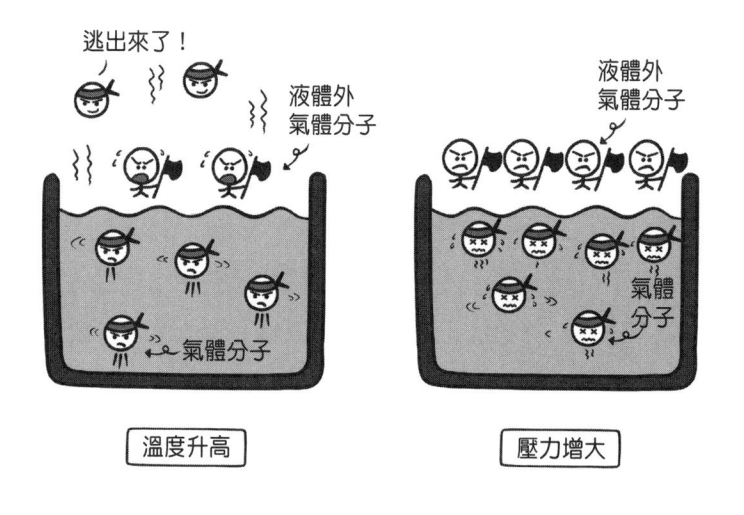

23 pH 指示劑的原理是什麼？

酸鹼指示劑本身是弱酸或者弱鹼，會和溶液中的氫離子或者氫氧根離子發生反應，生成共軛酸或者共軛鹼。酸鹼指示劑本身和生成的共軛酸或共軛鹼表現出不同的顏色，從而能起到指示 pH 的作用。

比如高中生物課本上用來檢測二氧化碳的溴瑞香草酚藍（bromothymol blue），屬於弱鹼，它在 pH 低於 6.0 時顯黃色，pH 高於 7.6 時顯藍色。

而平時使用的 pH 試紙是廣泛的 pH 試紙，由百里酚藍、甲基紅、甲基橙、溴瑞香草酚藍、酚酞和溶劑按一定配比配製後再在紙上乾燥而成的，因為含有指示不同 pH 值範圍的指示劑，且不同指示劑顯示的顏色不同，所以能依靠豐富的顏色變化來指示很寬的 pH 值。

24 我同學告訴我鉈（Tl）一般不是正三價，但鉈不是和鋁（Al）屬於同一族嗎？

我們從簡單的原子核和核外電子的角度考慮，原子序數越大，代表原子核質子越多，對核外電子的庫侖吸引力也越大，也就代表電子速度會很大，甚至接近光速。這個時候我

們就需要想到狹義相對論效應。這個時候電子的質量大於靜質量 m_0（如 Hg，1s 電子質量 $m \approx 1.2m_0$）。根據波耳原子模型（the Bohr atom），電子軌道半徑和電子質量成反比，也就代表 s 軌道出現收縮，而外層的 d、f 電子，由於收縮產生的遮罩作用，減少了庫侖吸引力，從而出現了膨脹，即這一效應使內層軌道的能量降低，而外層軌道能量升高，也就對應常說的相對論性收縮以及膨脹，主要分別作用於 s、p 軌道以及 d、f 軌道。

我們也常用相對論性效應來解釋惰性電子對（表現比較明顯的就是 $6s^2$），比較常見的就是金（Au）及其周邊的 $6s^2$ 惰性電子對效應，表現為有－1 價的類鹵素性質的金，0 價相對穩定的汞單質，相對穩定的＋1 價鉈等。當然鉈也有＋3 價，就像鉛也有＋4 價一樣，鉈在失去 p 電子以後再失去 $6s^2$ 電子導致的結果就會表現出強氧化性，不再穩定了。

25 永磁材料的磁性是怎麼產生的？

永磁材料，即能夠長期保持磁性的材料，也稱為硬磁材料。其特徵為：矯頑力高、剩磁大、磁滯回線面積大。永磁材料分為鐵氧體永磁材料和合金永磁材料。最常見的鐵氧體永磁材料就是自然界中直接可以獲得的磁鐵（Fe_3O_4）。合

金永磁材料則包括最先能夠大量生產的永磁體淬火馬氏體鋼（Martensitic steel）以及稀土永磁材料。三代稀土永磁材料分別為 $SmCo_5$、Sm_2Co_{17} 和 $Nd_2Fe_{14}B$。

我們這裡以稀土永磁材料為例來解釋其磁性起源。稀土永磁材料主要是由 4f 稀土族元素和 3d 過渡族元素構成的金屬間化合物。

3d 金屬元素的原子磁矩主要來源於 3d 電子，而晶體場會導致 3d 電子軌道磁矩被凍結，因此磁性主要來源於未抵消的自旋數。前面提到的 Fe 和 Co 電子組態分別為 $3d^6 4s^2$、$3d^7 4s^2$，對應的金屬表現為鐵磁性。

稀土元素的原子磁矩主要貢獻來源於 4f 電子。而 4f 電子由於受到外層 6s、5p 電子的遮罩作用，表現出局域性。同時根據 RKKY 相互作用，即局域電子和傳導電子間的交換作用，導致傳導電子自旋極化，從而形成間接耦合，表現出鐵磁性（這裡不考慮 Friedel 振盪等複雜的情況），從而產生自發磁化。

26 一塊磁鐵，靠近鐵芯，鐵芯被磁化後其周圍磁場會增強，也就是說磁場能量增大了，此處增加的能量從哪裡而來？

鐵磁性物質的磁性是由宏觀上足夠小微觀上又足夠大，

並帶有磁矩的小磁疇表現的（每個磁疇可以看作一個超小的磁鐵）。在沒有被磁化時，磁疇隨機指向各個方向，磁疇產生的磁場會相互抵消，所以物質並不表現出磁性。當有外界磁場時，磁疇受到外界磁場的作用而指向外界磁場方向（可以想像很多個指南針在磁場中的情況），這就是磁化過程。磁矩在磁場中具有的能量如下公式。

$$E=-\vec{M} \cdot \vec{H}$$

其中 E 是能量，M 是磁矩，H 是磁場強度，並且 M 和 H 同方向。

由此可見，在磁化過程中，鐵磁性物質中的磁疇之間相互作用的能量降低。損失的能量一部分轉化成了電磁場的能量，另一部分由於轉化成了熱量在磁化過程中釋放了出去。

27 為什麼切割磁力線會產生電？

首先，磁力線只是人們為了描述磁場而提出的一個概念，你把一堆鐵屑隔著一個木板放在一個磁鐵上面，然後輕輕敲打木板，鐵屑會沿著磁力線的方向排布。與之類似的還有鐵磁流體隨著磁場的變化舞動。

在切割磁力線的時候，是導體沿著與磁場方向夾角不為 0 的方向運動。考慮最簡單的情形，導體棒垂直於磁場方向

向下運動，由於導體裡有自由電子，自由電子隨著導體棒向下運動就有一個向下的速度 v，那麼它會受到勞倫茲力，在垂直於 v 和 B（磁場）的方向上形成電流。

除了切割磁力線，變化的磁場也會在導體中感應出電流。1831 年，法拉第（Michael Faraday）發現電磁感應現象（1832 年被美國科學家約瑟夫・亨利〔Joseph Henry〕再次獨立發現，電感的單位就是以亨利命名的）。

馬克士威由此發現了更為基礎的馬克士威方程組（加上勞倫茲力定律即可匯出古典電動力學所有方程）。這裡有一個很有意思的思考是電磁感應只與磁場和導體的相對運動有關，而與單是磁場的運動或者單是導體的運動無關。設想你與導體相對靜止，那麼就會看到磁場相對於你的運動，你會認為電流的產生是由磁場的運動導致的。當你與磁場相對靜止時情況會反過來，所以電流的產生不依賴參考系的選取。愛因斯坦對於這個問題和當時人們找「乙太」總是失敗的思考催生了狹義相對論，感興趣的讀者可以拜讀一下經典論著《論動體的電動力學》（*On the Electrodynamics of Moving Bodies*）。

28 安培力是勞倫茲力的宏觀表現，但勞倫茲力永不做功，為什麼安培力還能做功？

　　大家在學習安培力的時候，遇到這個疑問時，課本上提供的解釋是，安培力只是勞倫茲力的一個分力，所以安培力做功而勞倫茲力不做功。

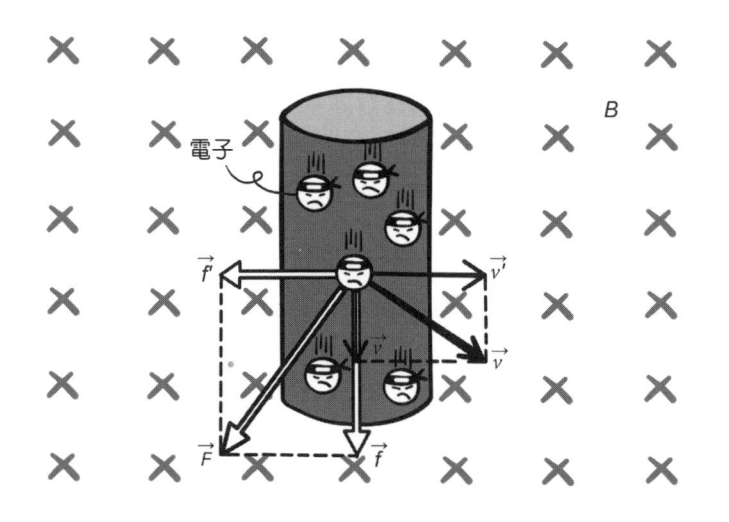

　　圖中導線以速度 v 向右運動，其中電子受到勞倫茲力 f $=evB$，在勞倫茲力 f 作用下，電子以速度 v' 向下運動，受到勞倫茲力 $f'=ev'B$。

　　一個力所做的功，可以用合力與合位移的內積計算，也可以求各個分力做功的代數和，使用第二種方法，則計算得

勞倫茲力做功為：

$$A=(\vec{f}+\vec{f'})\,(\vec{v'}+\vec{v'})$$
$$=f\cdot v'-f'\cdot v$$
$$=evBv'-ev'Bv=0$$

表現為勞倫茲力不做功。

這個時候，勞倫茲力更多地起到仲介的作用，將非靜電力做功轉化為電位能。

29 為什麼帶電導體處於靜電平衡時，靜電荷分佈在導體表面，而且曲率半徑大的地方電荷密度小？

靜電平衡是指導體中自由電子無定向移動（熱運動一直存在），電場分佈不隨時間變化。無論導體帶不帶電，它在外電場的作用下，自由電子向電場的反方向做定向運動，由此產生的感應電場與外電場方向相反且隨著自由電子增多而增大，直到與外電場相等、內部電子停止定向移動，達到靜電平衡。電荷在表面是其定向移動的結果。

導體表面的電荷分佈情況不僅與表層的曲率有關，還與導體本身的形狀特性有關，受周圍介質分佈情況以及導體的帶電狀況影響。對於孤立帶電導體而言，定性的規律是，曲率越大（曲率半徑越小），電荷分佈越密集。值得注意的是，電荷密度與曲率之間不存在單一的函數關係。

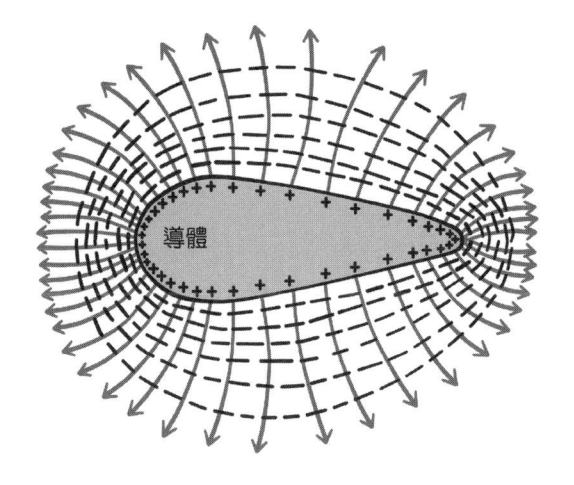

30 想知道一節電池是怎麼確定電動勢的，或者說為什麼設計好之後電池就剛好有這麼大的電動勢，這與哪些控制因素有關？

　　電池的電動勢其實是電池內部各相介面上所形成電位差的代數和。電池內部有三種電位差：接觸電位差、液接電位差和電極與電解質介面間的電位差。接觸電位差是由於不同金屬的費米能階不同，需要依靠接觸電位差來補償費米能階的差異；液接電位差是兩種不同電解液，或者同一種電解液但是濃度不同的溶液接觸產生的電位差；在電池中，接觸電位差和液接電位差都很小，電動勢主要受電極與電解質介面間的電位差影響，該電位差與電極和電解質有關。

以大家很熟悉的鋅銅原電池為例,在標準狀況下,相對於氫標電極電位,Zn^{2+}/Zn 為 $-0.7628V$,Cu^{2+}/Cu 為 $0.3402V$,那麼可以得到標準狀況下,鋅銅原電池的電動勢是 $0.3402-(-0.7628)V=1.1030V$,當然隨著反應的進行,電解質中組分的活度不會一直維持在「1」,因此實際情況中,鋅銅原電池的電動勢是要應用能斯特方程式(Nernst equation)來計算的。

總結一下,一節電池的電動勢主要與正負極的電極電位之差有關,電極的電極電位是由電極本身決定的,選定了電極與電解質,電池的電動勢也就確定了。

31 如果在無氧環境中利用電流熱效應加熱碳,碳是否會熔化?

在低氣壓無氧環境下加熱碳,碳會直接昇華變成碳蒸汽,但是在加壓之後會熔化。這是一個很好的問題,實際上科學家真做過這個實驗,還做了不少。2005 年有人寫了一篇綜述總結從 1963 年到 2003 年科學家在這個問題上做出的努力。[8]

---

8 Savvatimskiy, A. I. (2005). Measurements of the melting point of graphite and the properties of liquid carbon (a review for 1963–2003). *Carbon, 43*(6), 1115-1142.

　　從 1930 年開始就陸續有科學家透過各種手段，如雷射、電流來做關於碳的熔化實驗。我來解讀一下下面的圖，最下面的 0.001GPa 是 10 個大氣壓，可以看到標準大氣壓下在 3700℃（0℃＝273.15K）左右石墨會直接汽化變成碳蒸汽。隨著壓力增加到 100 個大氣壓左右，石墨會先熔化成液態的碳，熔點在 4000℃左右。當大氣壓增加到 10 萬個大氣壓左右的時候，石墨會向鑽石轉變，石墨就被壓成鑽石了，熔點依然在 4000℃左右。當壓力接近 1000 萬個大氣壓的時候，鑽石就很難熔化了。我們都知道鑽石在真空中加熱會變成石墨，證明鑽石也是由碳原子構成的，而鑽石極高的硬度和穩定性都得益於碳原子之間的化學鍵非常堅固（可以理解為它們之間由很強的膠水粘在一起）。單層石墨的碳原子之間同鑽石一樣有著很強的化學鍵，層間透過凡得瓦力凝聚在一起，所以石墨的熔點也非常高。

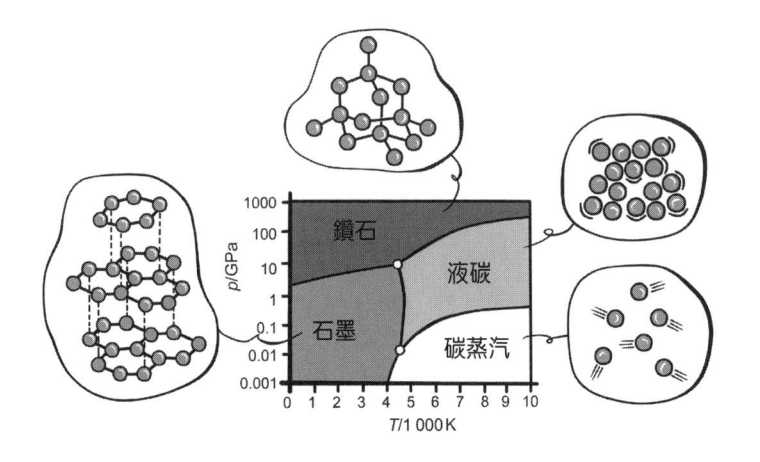

32 請問兩物體因接觸而產生的熱傳導，如何用微觀粒子來解釋和描述？

　　熱量從高溫物體向低溫物體傳遞是自然界的基本性質。熱傳導的微觀機制不是用一兩句話可以完全說清楚的，但是我們可以透過最簡單的簡化模型一探究竟。

　　假設有兩個完全一樣的小球，一個小球動能大，另一個動能小。把它們丟進一個內壁光滑的盒子裡，小球之間只發生彈性碰撞，可以發現在兩個小球碰撞過程中，高速小球更傾向於速度變小，低速小球更傾向於速度增大（並不一定會出現這種結果，只是這種情況出現的可能性大），極端情況就是運動的小球和靜止的小球相撞，結果一定是靜止的變運

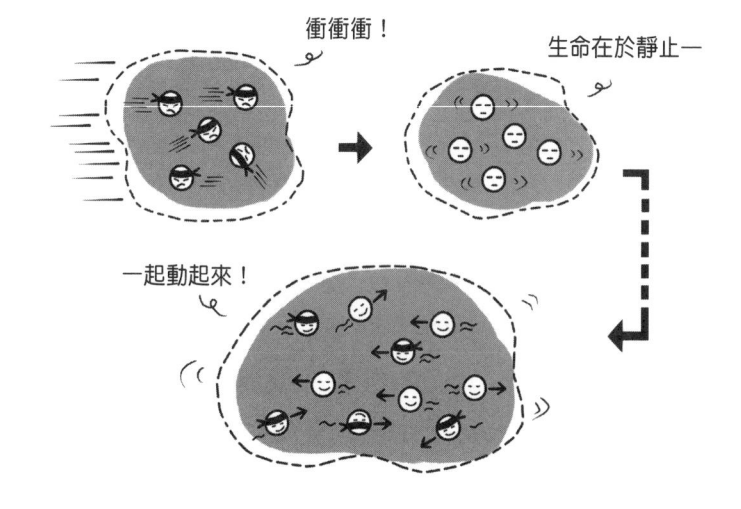

衝衝衝！

生命在於靜止一

一起動起來！

動，而運動的小球減速。過一段時間再觀察，之前速度大的小球的平均動能降低了，速度小的小球的平均動能增加了，也就是說高速小球的能量傳遞給了低速小球。這對應於宏觀中的高溫物體向低溫物體傳遞能量。如果只是考察接觸傳熱的話，把運動的小球換成彼此用彈簧連起來的小球就行了。

33 物體表面積變大，熱輻射就變大嗎？

在表面溫度、表面狀態均不變的情況下，增大物體表面積確實可以增大熱輻射功率，而且功率正比於表面積。這個問題很好理解：假設一個表面的輻射功率是 P，那麼再找一個完全一樣的表面，那麼兩個表面總輻射功率顯然是 $2P$。如果直接把表面的面積擴大到原來的兩倍，相當於把兩個一樣的表面拼接在一起，輻射功率也是 $2P$。所以增大表面積，輻射功率會線性增大。

34 熱電效應是什麼？有什麼應用？

首先，簡單說一下什麼是熱電效應，當金屬或者半導體兩端有溫度差的時候，兩端會產生電位差，如果用導線將兩

端連起來，就可以形成通路。不僅如此，當我們給一個溫度分佈均勻的金屬或半導體兩端加上電壓以後，也會產生一個熱流動，時間長了，兩端會產生溫度差。前者被稱為賽貝克效應（Seebeck effect），後者被稱為帕爾貼效應（Peltier effect）。但由於對大部分金屬和半導體來說，這個熱流的量級遠小於電流產熱的量級，所以我們幾乎感覺不到它的存在。

那為什麼會有這麼神奇的效應呢？主要原因在於載流子（金屬中的電子、半導體中的電子和電洞）在傳導的時候會攜帶熱量。當金屬或者半導體兩端有溫度差的時候，熱端的載流子擴散速度更快，就會在冷端形成電荷聚集，正是這個電荷聚集導致了電位差。反過來，當給金屬或者半導體兩端加上一個電壓，載流子的單向流動也會導致熱流動，從而形成溫度差。

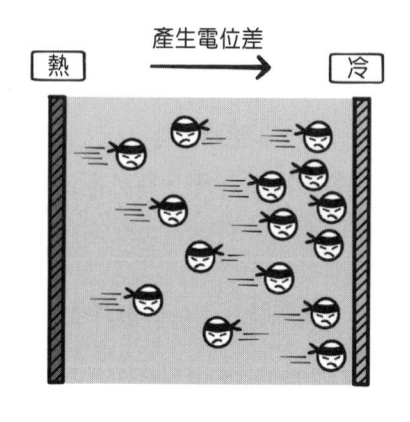

說了這麼多，熱電效應有哪些用處呢？第一個用處就是發電。一些製造業工廠每天都會產生大量的熱量，這些熱量無法利用就被浪費掉了，我們可以透過燒水的方式來利用它，但是顯然這是非常低效麻煩的。如果我們用熱電性能好的材料將其轉化為電能，變廢為寶，將為節能減排做出重要貢獻。第二個用處就是用來測量溫度。我們只要恆定溫度計其中一端的溫度，然後把另一端接觸到我們要測溫的物體上測量電位差，就可以知道要測的物體的溫度啦！其測溫範圍上至 1000℃，下至零下 270℃，解析度還很高，是各大實驗室居家必備神器之一。

熱電器件還可以用來製冷，上圖就是利用半導體熱電材

料製冷的示意圖，我們給兩個半導體通電，就會使它們的載流子從冷端向熱端移動帶走熱量，但是這個製冷量非常小，通常用於微型製冷。

35 光是否具有動量？

光具有波粒二象性，既然有粒子性，那麼就具有質量、動量的屬性。愛因斯坦在光電效應的解釋中提出了光量子（light quantum）的概念，認為一個光量子的能量是 $E=hv$。接下來讓我們引用愛因斯坦最廣為人知的方程——質能方程 $E=mc^2$。

如果這兩個方程都是對的（事實證明確實如此），那麼用它們來描述同一個光量子，能量 E 應該是相等的，因此有 $mc^2=hv$。光速等於波長乘以頻率，即 $c=\lambda v$。

在等式 $mc^2=hv$ 兩邊同時除以光速 c 之後，左邊的 mc 即為一個光量子的動量，因此一個光子的動量為 h/λ。

36 光學顯微鏡解析度受到可見光波長的限制，那電子顯微鏡會受到物質波波長的限制嗎？

先說一下光學顯微鏡的解析度。光學顯微鏡的解析度受

光波波長的調變（modulation），其原因可以用夫朗和斐繞射（Fraunhofer diffraction）說明，當光波透過圓孔或狹縫時，會發生繞射現象。比如光在透過圓孔時形成如下圖所示的繞射斑點，就是一個模糊的斑點和周圍的繞射條紋，而不再是一個絕對的亮點。

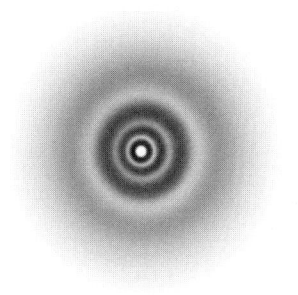

在繞射發生時，其繞射斑點的角半徑受波長的限制，公式為：

$$\Delta\theta = \frac{\lambda}{a}$$

式中 $\Delta\theta$ 為斑點的角半徑，λ 為光波波長。a 是小孔半徑，這是光波的繞射造成的像點的分辨程度的度量，小孔半徑在分母上，所以這個現象只有在小孔半徑小於等於光波波長的時候才會比較顯著。兩個光點之間的距離要大於這個角半徑所決定的距離，否則兩個亮斑重合在一起無法分辨。在這個限制條件的推導過程中，並沒有限制其必須為光波，除

了光波，物質波的繞射也符合同樣的規律。只要滿足波的疊加原理的就會滿足這個關係，存在類似的解析度限制。電子，其性質由狀態函數（state function）描述，而狀態函數滿足薛丁格方程，也能發生繞射。所以其成像的解析度也會受到電子波波長的限制。只不過電子的物質波波長遠小於光子的波長，動能為 1eV 的電子的德布羅意波長（de Broglie wavelength）[9]為 1.23nm，是 1eV 的光子波長的 1/1000 左右，所以其對應的解析度也高得多。

37 為什麼有些金屬離子在水中有顏色而有些沒有？顏色又是怎麼產生的呢？在水中有顏色的金屬離子往往是過渡金屬離子。

因為過渡金屬有一個未充滿的價殼層 d 軌道，所以過渡金屬往往有不止一種氧化態。當過渡金屬離子與中性或帶負電的配體結合時，它們會形成所謂的過渡金屬錯合物。配體透過共價鍵或配位鍵與中心離子結合。常見配體有水、氯離子和氨。

當一個錯合物形成時，因為有些電子更靠近配體，過渡金屬離子的 d 軌道形狀會發生變化，這樣就會發生 d 軌道的

9　編註：德布羅意波（de Broglie wave）又稱物質波，物質波的波長又稱德布羅意波長。

分裂:一些 d 軌道進入高能階,而另一些則進入低能階。這樣就形成了一個能隙。電子可以吸收光子,從低能階躍遷到高能階。被吸收的光子的波長取決於能隙的大小。(為什麼 s 和 p 軌道發生分裂時不會產生有色複合物?因為形成的能隙比較寬,吸收的光子處於紫外線區域,肉眼觀察不到)

另外,由於過渡金屬具有未充滿的價殼層 d 軌道,所以有人將鋅、鎘、汞排除在過渡金屬之外,因它們有充滿的價殼層 d 軌道。根據化學常識我們知道,Zn^{2+} 在水中是無色的,這與其 d 軌道充滿了電子有關。

38 原子中電子從基態到激發態的過程是瞬間移動還是像我們跳樓梯一樣有一個跳動的過程?

當我們談論電子躍遷時,我們在談什麼?在量子力學中,我們用波函數描述電子的狀態。當一個電子處於基態時,電子波函數就是基態波函數,當電子波函數中漸漸出現激發態的波函數時,我們說電子開始向激發態躍遷。直到電子波函數中的激發態波函數占主導地位時,我們說電子躍遷到了激發態上。

波函數的演化依賴薛丁格方程,它讓電子的波函數在時間上連續變化,波函數不發生突變,因此電子躍遷是需要時間的。定性地講,電子躍遷時間和兩個能階的能量差之間滿

足 $\Delta t \Delta E \sim h$，其中 h 是普朗克常數。從氫原子的基態躍遷到第一激發態的時間約為 $10^{-16}s$，在人類眼中，把它當作瞬間的過程也沒有什麼不妥。

39 鏡面反射時光走的路程是最短的，光怎麼知道它走這條路的路程是最短的？

光沒有自由意識，自然不知道自己走的這條路是最短的。實際上，在鏡面反射過程中，量子理論認為光其實走了所有可能的路徑，每條路徑都是平等的。而在幾何光學中，光走的路徑最短是在古典極限下的描述。

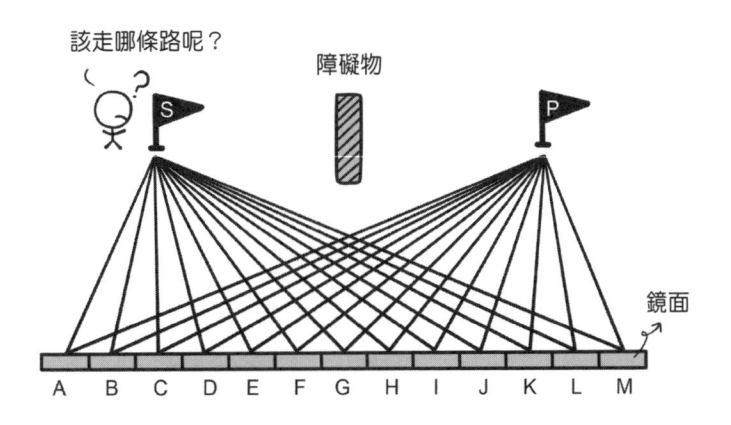

如上圖，一個光子經過鏡面反射從 S 到 P 的過程中，實際上走了各種可能的路徑，每種路徑貢獻一個機率幅（相當

於一個複數），從 S 到 P 的機率是所有這些不同路徑給出的機率幅疊加的結果。但不同的路徑因為路程不同，所以光子走的時間並不相同，於是相鄰的路徑貢獻的機率幅實際上會有不同的相位。如果路程不是最短的，較小的路徑移動就會帶來比較長的路程差，那麼相鄰的路徑之間的時間差就會比較明顯（如圖中的 SAP、SBP 兩條路徑），這樣，它們之間就會發生比較明顯的破壞性干涉（destructive interference）從而其貢獻相互抵消。而對於 SGP 這種路程最短的線，它的微小移動不會帶來比較明顯的相位差別，因此這部分的機率幅就會被保留並成為主要的貢獻者。所以從實際的效果來看，就等於光走了最短路程的線。

著名的物理學家理查・費曼（Richard Phillips Feynman）就是透過對這個問題的深入思考，提出了著名的路徑積分理論。路徑積分理論現在已成為理論物理的一塊重要基石。

40 用逐漸減小狹縫寬度的方法能否使穿過狹縫的一束光不斷地變窄？

當狹縫很寬的時候，減小狹縫的寬度確實可以讓穿過的光束不斷變窄；但是當狹縫的寬度窄到與光的波長相當時，情況就不一樣了，此時光在透過狹縫時會發生繞射。光的繞

射可分為兩類：一類為菲涅耳繞射，又稱近場繞射；另一類為夫朗和斐繞射，又稱遠場繞射。對於菲涅耳繞射來說，可以借助惠更斯—菲涅耳原理來簡單地說一下，該原理的表述為：在光場中任取一個包圍光源的閉合曲面 Σ，該曲面上的每一點均是新的次波源，觀察點 P 的振動是曲面 Σ 上所有次波源發出的次波的相干疊加。當一個點光源在透過狹縫時，其波面會被擋住一部分，但沒有被擋住的那部分仍能夠作為波源再發射次波，而發射出的次波是球面波，因此最終投在螢幕上的寬度就比狹縫寬。

對於夫朗和斐單縫繞射來說，繞射光經透鏡匯聚後會在螢幕上形成明暗相間的條紋。

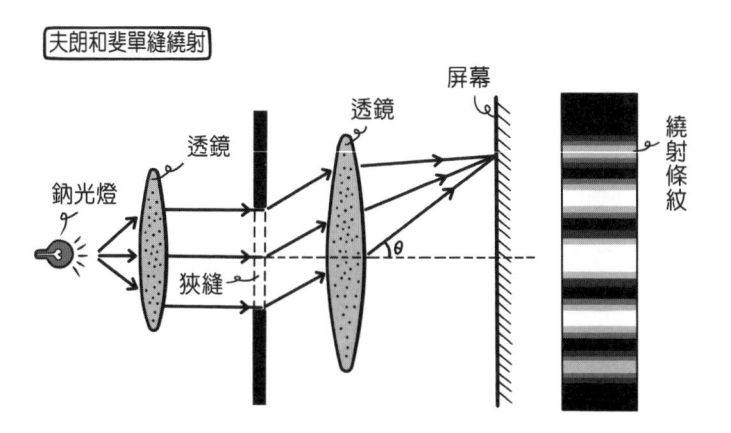

條紋特點是最中央是一條特別明亮的亮條紋，然後兩側分佈著明暗相間、亮度較小的條紋。

中央最亮的條紋的半形為 θ，θ 的大小與狹縫寬度 D 成反比，即 $\theta = \lambda/D$。從公式可以看出，如果狹縫越窄，則形成的亮條紋越寬。

需要注意的是，繞射現象只有在障礙的尺度與波長相當時比較明顯，另外，由於生活中很多光源並不是單色光，因此各繞射圖案混合在一起就會變得不可分辨。

41 在做電子繞射實驗時，為什麼要對電子進行高壓加速？如果電子能靜止，波長會無限大嗎？

物質波發生繞射的條件和光波發生繞射的條件是一致的，其中一個很重要的條件是波長與狹縫寬度或障礙物的尺度相近。在做電子繞射實驗時，我們通常需要利用電子繞射來觀測特定的物質的微觀結構，我們需要使電子波長與待測物質微觀結構特徵尺寸一致，因此需要對電子進行高壓加速以得到某種特定波長的電子，同時我們還要保證電子能夠源源不斷地打到待測樣品上，因此也需要利用電場加速對電子的運動方向進行控制。

對於第二個問題，根據熱力學第三定律，絕對零度無法達到，電子是不能夠絕對靜止的。

42 請問雙縫實驗是為了探究什麼？

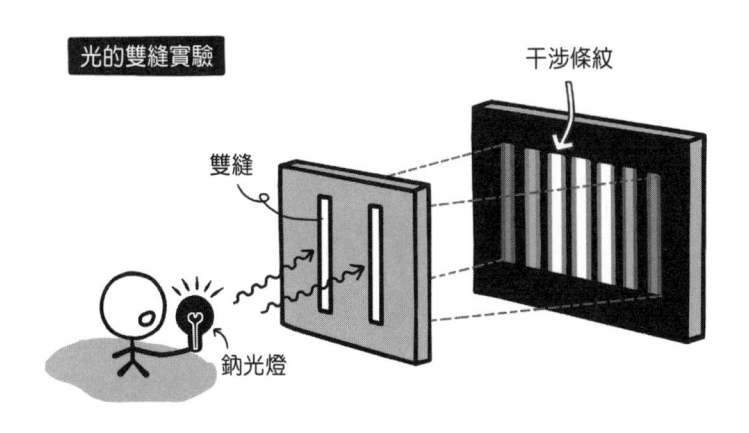

光的雙縫實驗

干涉條紋

雙縫

鈉光燈

　　想像這樣一個場景，你的面前有一堵銅牆鐵壁，在牆上有兩道互相平行的狹縫，而在牆的後邊則是一面「沙牆」，無論什麼東西打到它上邊都會被「吸收」。此時你拿著一把機關槍對著雙縫射擊，那麼子彈將有一定機率從縫中穿過去打到後邊的牆上。隨著射入子彈數量的增多，牆所吸收的子彈也將越來越多。假設這把槍槍口經常跑偏、瞄得不怎麼準，因此你打出去的子彈可能會往各種方向偏離，再加上子彈在透過狹縫的時候可能會發生偏折，故而牆後邊的子彈並不會聚集於一個點，而是有一定的分佈。

　　分別關閉其中一個狹縫，而對著另一個狹縫射擊，得到兩組子彈分佈的資料 P_1 與 P_2，然後將兩個狹縫全部打開，

同時對著兩個狹縫射擊會得到子彈分佈的資料 P。我們發現 $P=P_1+P_2$。

　　接下來我們把實驗變一下。在 S 處有一個電光源，光源右側有一面不透光的牆，在牆上有兩個狹縫分別位於 S_1 和 S_2 的位置，在這面牆後邊還有一面牆。

　　關閉 S_2 狹縫，讓光只從 S_1 狹縫透過，可以得到牆上的光強分佈 I_1。然後，關閉 S_1 狹縫，讓光只從 S_2 狹縫透過，可以得到牆上的光強分佈 I_2。

　　最後，將兩個狹縫同時打開，讓光同時從兩個狹縫透過，在牆上還會得到光強分佈 I，此時 $I=I_1+I_2$ 嗎？

　　答案是不等於！

　　從 S_1 和 S_2 射過的光都是來自 S 處的，且從 S 到 S_1 和 S_2 的距離相等，因此 S_1 和 S_2 處的光我們可以認為它們是「相同的」。對於接收牆上的不同位置，即兩束光交匯於不同位置時，各自走的光程不一樣。

　　如果光具有波動性，則光程不一樣，對應的相位也不一樣。因此將兩束光加在一起，光強並不是簡單地相加，還額外有了一個干涉項。這一干涉項的大小與兩束光的相位差有關，其不僅有正值還有負值。當取正值時，合光強比兩束光的光強直接相加要強；而取負值時，合光強為 0。因此牆上的光強會隨著位置的變化而變化，有明有暗，並且具有一定的規律性，即明暗相間的條紋。

　　因此，如果光的雙縫實驗結果是明亮相間的條紋，那麼便證明光具有波動性。

　　雙縫實驗可以驗證波動性，不僅是光，電子也可以。關於電子的雙縫實驗非常經典，感興趣的讀者可以參考《費曼物理學講義・第三卷》。

43 微觀的自旋是怎麼提出的？該如何理解？

　　1925 年，G.E. 烏倫貝克（George Eugene Uhlenbeck）和S.A. 古德斯米特（Samuel Abraham Goudsmit）受到包立不相容原理的啟發，分析原子光譜的一些實驗結果，提出電子具有內稟自由度——自旋，並且有與電子自旋相聯繫的自旋磁矩。

　　事實上，早在他們之前，一名叫克羅尼格（Ralph Kronig）的年輕人就提出了電子自旋的假定，但由於包立的反對，沒有發表自己的成果。（包立，學術界的「上帝之鞭」，懟過許多人，很少失手）

　　電子的自旋並不是繞自身軸轉動引起的，它與空間的運動沒有任何關係，因此也不能用座標變數來描述。電子自旋及相應的磁矩是電子本身的內稟屬性，這是電子的一個新的自由度。因此描述電子需要四個量子數，即 n、l、m、s。

　　證明電子具有自旋的實驗很多，如著名的 Stern-Gerlach 實驗。

　　更進一步，狄拉克（Paul Dirac）[10] 發現，電子自旋是一種相對論效應，系統的理論需要用到相對論量子理論，在這裡我們就不深入討論了。微觀粒子都有自旋，自旋為 $h/2\pi$ 偶數倍的粒子為玻色子，為奇數倍的則為費米子，如果是費米子則波函數對於兩個粒子是交換反對稱的，因此不可能有兩個粒子和費米子處於同一個單粒子態，這便是包立不相容原理。

44　量子力學在實際生活中有哪些應用？

　　量子力學看起來很違背常識，高深莫測，但是生活中量子力學無處不在，毫不誇張地說，如果沒有量子力學就沒有今天的生活。下面列舉一些典型的例子。

　　1. 雷射：雷射器中的電子受激發躍遷到高能階，高能階的電子在特定光的影響下會集體向低能階躍遷並釋放大量光子，從而實現光放大。雷射具有高亮度、高方向性和高相干性的特點，在實際生活中有大量應用。

10　編註：英國理論物理學家，1933 年諾貝爾物理學獎得主，量子力學的奠基者之一。

2. 磁共振成像：磁共振成像利用磁共振來確定物體內原子核的位置和狀態，從而繪製物體內部的結構，在物理、化學和醫學中都有大量應用。

3. 太陽能電池：太陽能電池可以將太陽能轉化成電能來獲得清潔能源，太陽能電池可以被看作一個 PN 結，當光照在太陽能電池上時會產生電荷─電洞對，在 PN 結內建電場的作用下電子和電洞會分離開，這樣當外部電路接通後就會產生電流。

4. 電腦：電腦強大的威力眾所周知，它的核心部件是電晶體，而電晶體自身要用到大量半導體材料。對半導體材料性質的研究必須要用到量子力學，不然我們無法區分絕緣體、導體和半導體。

以上所列只是量子力學應用中的冰山一角，有興趣的讀者可以查閱更多資料。

致 謝

　　本書要感謝中科院物理所「問答」欄目背後的問答團隊，該團隊主要由物理所的研究生組成，包括程嵩、李治林、張聖傑、薛健、姜暢、吳定松、葛自勇、陳曉冰、樊秦凱、陳龍、紀宇、劉新豹、王恩、王文軻、李裕、胡史奇、王夢凡、徐越山、徐成謙等。感謝諸位的貢獻！

　　除了所內的研究生，「問答」專欄還有幸得到來自所外的問答志工的參與，他們有中科院國家天文台的何川、郭瀟，中科院理論物理所的安宇森，清華大學物理系的袁子等。感謝你們的支持！

　　最後，我們在這裡同樣向廣大的提問者致以誠摯的謝意！愛因斯坦曾經說過：「提出一個問題往往比解決問題更重要。因為解決問題也許僅是一個數學上或實驗上的技能而已，而提出新的問題，卻需要創造性的想像力，而且標誌著科學的真正進步。」事實上很多讀者提出的問題正是曾經推動我們科學進步的重要問題，也正是大家的提問給了我們這本書最強大的原動力，感謝你們！同時我們期待更多的讀者提出更多的問題，也期待更多的小夥伴加入我們的問答團隊。

國家圖書館出版品預行編目（CIP）資料

1分鐘物理2：皮卡丘發的是直流電還是交流電?/中國科學院物理研究所著.
-- 二版. -- 新北市：日出出版：大雁出版基地發行, 2024.05
　面；　公分
ISBN 978-626-7460-21-4(平裝)

1.CST: 物理學 2.CST: 通俗作品
330　　　　　　　　　　　　　　　　　　　　　113005206

1分鐘物理2(二版)
皮卡丘發的是直流電還是交流電？

作　　　者　中國科學院物理研究所
責 任 編 輯　李明瑾
封 面 設 計　張　嚴
內 頁 版 型　Dinner Illustration
發　行　人　蘇拾平
總　編　輯　蘇拾平
副 總 編 輯　王辰元
資 深 主 編　夏于翔
主　　　編　李明瑾
行　　　銷　廖倚萱
業　　　務　王綬晨、邱紹溢、劉文雅
出　　　版　日出出版
發　　　行　大雁出版基地
　　　　　　新北市新店區北新路三段207-3號5樓
　　　　　　電話：(02)8913-1005　傳真：(02)8913-1056
　　　　　　劃撥帳號：19983379 戶名：大雁文化事業股份有限公司
二 版 一 刷　2024年5月
定　　　價　450元